Der Seidenbau und die Maulbeerbaumzucht.

Bearbeitet von

J. G. Behnke.

Mit einem Kupfer.

Berlin, 1794.
Im Verlag der Buchhandlung der Königl. Realschule.

An den Leser.

Daß der Seidenbau einer der größten Zweige des Nahrungsstandes im Staate werden könne, und daß niemand aus bloßer Vaterlandsliebe zum Betrieb desselben gereitzt werden dürfe, ist ausser allem Zweifel. Ein jeder, der Gelegen-

heit

heit dazu hat, pflanze Maulbeerbäume und baue Seide; er wird Nutzen und Vergnügen davon haben und der Staat dabey gewinnen. Die Gemeinnützigkeit dieses Gegenstandes hat mich veranlaßt, eine Abhandlung davon zu schreiben, die ich hiermit dem Druck übergab. Ich habe das gewöhnliche Verfahren beym Seidenbau sowohl als bey der Maulbeerbaumzucht beschrieben, das Fehlerhafte darin angezeigt und zugleich die zweckmäßigsten und sichersten Mittel, wodurch der Liebhaber in Stand gesetzt wird,

bei-

beides mit Vortheil zu betreiben, angegeben. Alles was dies Werk neues hat und in andern Schriften über diesen Gegenstand vermißt wird, gründet sich auf Erfahrung und giebt ihm bey Kennern einen um so größern Werth, da ich in dessen Bearbeitung von dem Königl. Preussischen Plantagen-Inspektor Herrn Löfler, einem gründlichen Kenner des Seidenbaues, auf eine sehr gefällige Weise unterstützt worden bin. Ich schmeichele mir daher, daß diese Abhandlung für Liebhaber des Seiden-

bau-

baues, die ihre Kenntnisse in diesem Fach zu erweitern wünschen, von Nutzen seyn werde.

Berlin im März
1794.

der Verfasser.

Sr. Excellenz

Herrn Ewald Friedrich Grafen von Hertzberg,

Königl. Preuß. wirklichen Etats- und Cabinetsminister, Ritter des schwarzen Adler-Ordens, Curator der Königl. Akademie der Wissenschaften, Chef der Königl. Land-Seidenbau-Commission ꝛc. ꝛc.

dem großen Beförderer des Seidenbaues,

unterthänigst zugeeignet

von

J. G. Behnke.

Erster Abschnitt.

Der Seidenbau.

Vorbericht.

Kein Zweig des Nahrungsstandes hat wohl jemahls in Deutschland und besonders in den preussischen Staaten mehr Hindernisse in seiner Ausführung gefunden, als der Seidenbau. Die Hauptursache davon lag von jeher in der irrigen Meinung, daß der Maulbeerbaum, der die einzige Grundlage des Seidenbaues ausmacht und die südlichen warmen Länder zum Vaterlande hat, in Deutschlands rauhem Clima nicht mit Erfolg gezogen werden könne.

Seit einem Jahrhunderte schon, da der Maulbeerbaum in die preussischen Staaten eingeführet ist, hat man zwar gesucht, die gegen den Anbau desselben äußerst eingewurzelten Vorurtheile zu heben; allein bey den zweckwidrigen Mitteln, die man dabey anwendete, konnte man keinen guten Erfolg hoffen. Mit dem Anfange der Regierung Friedrichs

II. gewann der Seidenbau eine etwas bessere Gestalt, indem dieser große König alle nur mögliche Mittel hervorsuchte denselben in Gang zu bringen. Und wenn es hier gleich nicht der Ort ist, eine eigentliche Geschichte des Seidenbaues zu liefern, so sey es doch erlaubt, so viel daraus anzuführen, als nöthig ist, die Fortschritte, die seitdem darin gemacht sind, kennen zu lernen.

In den Jahren 1746 bis 1750 sind im ganzen Lande nicht mehr als 100 Pfund Seide gewonnen worden; nach dieser Zeit machte man schnellere Fortschritte. In dem einzigen Jahre 1751 sammelte man so viel Seide, als in den vier vorigen; 1753 belief sich der Ertrag auf 150 Pfund, und in den folgenden dreißig Jahren, nemlich in dem Zwischenraum von 1753 bis 1783 nahm er so zu, daß in letzterem Jahre 11000 Pfund und 1784 beynahe 14000 Pfund gewonnen wurden.

Dieser schnelle Fortgang des Seidenbaues ist lediglich den patriotischen Maaßregeln Sr. Exzellenz des Staatsministers Grafen von Hertzberg zuzuschreiben, dessen Verdienste um den Seidenbau

bau über alles Lob erhaben sind. Sein philosophischer Geist spähte bald die eigentlichen Ursachen der Hindernisse im Wachsthum desselben aus und seine tiefen Kenntnisse ließen ihn leicht die Mittel finden, die er anzuwenden hatte, ihn mit Sicherheit empor zu bringen. Er sah ein, daß Zwang den Unterthan nur widerspänstig macht, besonders bey einem Unternehmen, das nicht augenblickliche Vortheile zeigt; er überfuhrte ihn durch Thatsachen, daß der Maulbeerbaum eine Quelle von Reichthümern für ihn werden könne; suchte durch Belohnungen in ihm einen Trieb zu erwecken, denselben anzupflanzen und auszubreiten; und sein unermüdeter Eifer wurde von seinem weisen Könige unterstützt, und seine Maaßregeln begünstigt.

Als Belohnungen theilte er nicht Geldsummen allein, sondern mit diesen auch Ehrenmünzen an diejenigen aus, die sich im Anbau des Maulbeerbaums und im Betriebe des Seidenbaues auszeichneten. Auf diese Belohnungen kann noch immer jeder Liebhaber des Seidenbaues Ansprüche machen und nach dem Grade seines Fleißes und seiner Geschicklichkeit bekommt er außer einer ansehnlichen Geld-summe die zu diesem Behuf geprägte Medaille in Gold oder in Silber. Auf der Vorderseite derselben steht das Brustbild des Königs mit der Inschrift: Fridericus Instaurator (Friedrich der Beförderer); auf der Rückseite die Göttin der Industrie unter einem mit Seidenwürmern beladenen Maulbeerbaum; vor ihr steht ein Gefäß mit Kokons, wovon sie die Seide trennet, neben ihr ein mit Seidenkokons und verschiedenen Stücken abgehaspelter Seide gefüllter Korb. Die Legende ist: Industriæ Sericæ Pruſs. (zur Aufmunterung des Fleißes im preuß. Seidenbau). Unten Br. MDCCLXXXIII. (Britz 1783).

Im Jahr 1788, nachdem der Seidenbau durch die drey vorhergegangenen harten Winter in einige Abnahme gerathen war, welches auch selbst in Italien und Frankreich der Fall gewesen, ordnete der König, um demselben einen neuen Schwung zu geben, eine immediate Landseidenbau-Commission unter der Direktion und dem Vorsitz des Grafen von Hertzberg an. Diese Commission steht unmittelbar unter dem Könige selbst und

alle

alle Landeskollegien und Unterthanen müssen sich in Landseidenbausachen an dieselbe wenden und ihre Vorschriften befolgen. S. Königliche Verordnung zur Beförderung der Maulbeerbaum = Plantagen und des Landseidenbaues d. d. Berlin den 3ten May 1788.

Nach dieser Verordnung wird, da es nicht eines jeden Umstände erlauben, große Vorschüsse auf ungewisse Unternehmungen zu wenden, der Fleiß und Eifer derjenigen, die sich freywillig auf die Cultur der Maulbeerbäume und der Seide legen, unterstützt und belohnet. Die Belohnungen werden darin für jeden einzelnen Fall namentlich aufgeführet; sie sind mit Ehrenbezeigungen verbunden, und müssen nothwendig einen jeden Patrioten, der nur eine Gelegenheit hat, sich mit dem Seidenbau zu beschäftigen, anreitzen, ihn aus allen Kräften zube treiben.

Außerdem ist auch für diejenigen gesorgt, die gerne Maulbeerbäume ziehen und Seide bauen möchten, aber nicht die gehörigen Kenntnisse dazu besitzen, es sind nemlich, in den Provinzen Plantagen = Inspektoren angestellt, die bey den Bereisungen ihrer Distrikte einen jeden Cultivateur in der Maulbeerbaumzucht oder im Seidenbau unentgeldlich unterrichten und ihm alle Vortheile zeigen müssen, die er von seinem Unternehmen hoffen kann. S. die Instruction für sämmtliche Plantagen- und Seidenbau-Inspektores in den Königl. Preuß. Landen excl. Schlesien. Berlin, den 12ten Sept. 1788.

Was läßt auch nicht die öffentliche theoretische und praktische Lehranstalt im Seidenbau bey der Realschule zu Berlin unter der Aufsicht des geschickten und erfahrnen Löflers erwarten, woran ein jeder, der Lust hat, Kenntnisse in diesem Fach zu sammeln, Antheil nehmen kann?

Und diese Anstalt ist nicht die einzige in den preussischen Staaten; der Herr Inspektor Löfler hat unter der Direktion des Herrn Grafen in verschiedenen Provinzen, namentlich zu Stettin, Klosterbergen ꝛc. ebenfalls Seminarien eingerichtet, welche mit dem Berlinischen gleiche Verfassung und gleichen Zweck haben, und die Herr Löfler von Zeit zu Zeit auf seinen Provinzial-Bereisungen besucht, und auf alle nur mögliche Weise zu verbessern strebt. Außerdem befindet

sich

sich ein Seminarium in Halberstadt, das von dem dortigen Domkapitul errichtet und jetzt nach den Vorschlägen des Herrn Löflers, der auch einen geschickten Eleven aus dem Seminario zu Berlin, als Lehrer im Seidenbau dahin geschickt hat, verbessert worden *).

Die Anlage der Seidentiragen endlich, die Se. Exzellenz der Staatsminister Graf von Hertzberg hin und wieder in den Provinzen hat einrichten lassen, und deren jetzt bis zwanzig vorhanden sind, verdient um so mehr gerühmt zu werden, da sie für jeden Seidenbauer und für die Seidenfabriken selbst einen sehr wesentlichen Nutzen haben. Der Seidenbauer, der die Behandlung der Kokons im Aussondern und Abhaspeln nicht versteht, kann sie in die ihm am nächsten gelegene Seidentirage bringen, wo sie ihm nach dem Gewichte bezahlt werden; oder sie an die herumreisenden Plantagen-Inspektoren verkaufen, und so die Mühe und Kosten, die er auf

 den

*) Der regierende Herr Graf zu Stollberg Wernigerode, ein Beförderer alles Nützlichen und Guten, vermehrt das zu geringe Gehalt des Lehrers an diesem nützlichen Justitut aus eigenen Mitteln.

den Seidenbau verwendet hat, belohnt sehen. Wenn er hingegen die Zubereitung der Seide selbst unternimmt und aus Mangel an Kenntnissen alles unter einander haspelt, so liefert er unbrauchbare Waare, die ihm niemand abnimmt, und wenn sie ja noch in den Fabriken genommen wird, so bekommt er doch äußerst wenig dafür; und eine zunehmende Abneigung gegen den Seidenbau ist hiervon die natürliche Folge. In den Seidentiragen aber werden die Kokons von Sachverständigen zweckmäßig behandelt und die Fabrikanten können die in denselben zubereitete Seide ohne Ausnahme mit Nutzen brauchen.

Bey diesen bereits geschehenen und noch zu machenden zweckmäßigen Anordnungen des Ministers ist unausbleiblich zu erwarten, daß der Seidenbau in den preussischen Landen zu einem solchen Flor gelangen wird, daß die Fabriken der ausländischen Seide entbehren können.

Dieser Zeitpunkt wäre vielleicht schon erreicht, wenn nur den Königlichen Verordnungen gemäß zur allgemeinen Verbreitung der Maulbeerbaumzucht von allen Seiten mitgewirkt würde. Zufolge der

der oben angeführten Verordnung sollen alle Pächter von Königl. Aemtern und andern Landgütern ohne Ausnahme in ihren Contrakten verpflichtet werden, eine verhältnißmäßige Anzahl Maulbeerbäume zu pflanzen. Dieses geschiehet zwar, aber der Königlichen Intention gar nicht gemäß, vielmehr widerstrebt der Pächter dem großen Zweck der Verordnung auf alle ersinnliche Weise und sein Contrakt dienet ihm dabey zur Schutzwehr. Wie sehr muß es einen Minister, der unter seinem Könige auf die thätigste Art den Wohlstand des Landes zu erhöhen sucht, nicht kränken, wenn er seine patriotischen Absichten auf alle Art gehindert sieht! Wenn es z. B. in dem Contrakte eines Domainenpächters heißt: „auch verpflichtet sich der „Pächter, während seiner Pachtzeit zwey„tausend Maulbeerbäume zu pflanzen" und der Contrakt auf zwölf Jahre geschlossen ist, so hängt es nach diesen Worten lediglich von der Willkühr des Pächters ab, ob er die Bäume im ersten oder erst im letzten seiner Pachtjahre pflanzen wolle, da solches doch nach dem Sinn der Königl. Verordnung in dem ersten geschehen

hen müßte. Viele Pächter denken daran erst im Jahr vor Endigung ihrer Pachtzeit und achten auf die Erinnerungen der Plantagen-Inspektoren nicht, sondern befolgen buchstäblich ihren Contrakt. Und wenn dieser von einer Anzahl Jahre zur andern prolongiret wird, so bekommt der Pächter Gelegenheit, die Anpflanzung der Maulbeerbäume auch die Prolongationszeit hindurch auszusetzen und so würde ein Jahrhundert hingegangen seyn, bevor alle in Pacht stehende Grundstücke im Lande mit Maulbeerbäumen verhältnißmäßig bepflanzt worden wären, wenn der Herr Graf nicht auch dagegen dienliche Mittel anzuwenden gewußt hätte.

Erstes Kapitel.

Der Maulbeerbaum.

Von Maulbeerbäumen giebt es zwey Hauptgattungen; die schwarze und die weiße. In beiden finden sich noch manche Unterabtheilungen. Der schwarze Maulbeerbaum ist in Europa der bekannteste; er ist an Größe einer mittelmäßigen Eiche gleich; sein Holz dunkelbraun; die Blätter dunkelgrün und rauher als die des weißen Maulbeerbaums. Seine Frucht ist groß, schwarz oder dunkelroth, säuerlich, angenehm. Der weiße kommt aus Indien her, ist von da nach Griechenland, Italien, Frankreich, Deutschland und andern mehr nordlichen Gegenden gekommen. In unserm Deutschland ist er schon eine sehr geraume Zeit bekannt. Er unterscheidet sich von dem schwarzen Maulbeerbaum dadurch, daß seine Blätter hellgrün, rund und glänzend sind und seine Beeren allerhand Farben haben, süß und unschmackhaft sind. Seine Rinde ist hellbraun, wodurch er sich, so wie durch die hellere Farbe des Holzes von dem schwarzen Maulbeerbaum wesentlich unterscheidet. In seiner Höhe und Stärke giebt er demselben wenig nach.

Die Blätter der Maulbeerbäume dienen dem Seidenwurm zur Nahrung und man kann

ihm

ihm zwar wohl die Blätter von allen Bäumen ohne Ausnahme reichen; allein vielfältige Erfahrungen lehren, daß das Blatt des weißen Maulbeerbaums für die Würmer das beste ist, denn es ist für jedes Alter derselben brauchbar; auch verträgt der weiße Maulbeerbaum das Ablauben besser, nimmt mit schlechterm Erdreich vorlieb und die Blätter geben nach der allgemeinsten Meinung die beste Seide; daher man bey Ziehung des Saamens und Vermehrung der Maulbeerbäume darauf bedacht seyn muß, die vorzüglichste Art von Maulbeerbäumen, die das beste Futter und die meiste Seide geben, fortzupflanzen.

Die Mannigfaltigkeiten und Verschiedenheiten der beiden Arten von Maulbeerbäumen hier anzuführen ist um so weniger nöthig, da es deren so viele giebt, daß selbst die Schriftsteller in ihren Abtheilungen nicht einig sind; auch wäre es unnütz, indem ein weitläuftiges Namenverzeichniß aller bekannten Gattungen von Maulbeerbäumen den Liebhaber des Seidenbaues, der ihn zu erlernen Lust hat, mehr verwirren als unterrichten würde, welches dem Zweck dieser Schrift zuwider wäre.

Wir bleiben also beym weißen Maulbeerbaume stehen, weil dieser, wie oben gesagt worden, vor allen den Vorzug verdienet; jedoch werden wir unten seine vier Hauptgattungen genau anzeigen, die, wenn man eine jede derselben bey der Fütterung des Seidenwurms

zu

zu benutzen weiß, sehr viel zur Verschönerung der Seide beytragen können.

Die Eigenschaft des Blattes abgerechnet, ist der schwarze Maulbeerbaum vom weißen nicht sonderlich verschieden. Man kann überhaupt von diesem Baume sagen, daß er stark und dauerhaft ist, schnell heranwächst, sich leicht vermehrt, und unter jedem Himmelsstriche fortkommt, einer kalten und rauhen Witterung sehr gut widersteht und sein Alter in unserm Klima auf ein ganzes Jahrhundert und noch höher bringt. Er erreicht, wie bereits oben gesagt worden, beynahe das Maaß und die Stärke einer Eiche. Ja man kann bestimmt sagen, daß der weiße wilde Maulbeerbaum höher wächst als die Eiche und so gar Fichtenhöhe erreicht, so daß er im Stande wäre, wenn die Forstdepartements diese Eigenschaft und die andern vortreflichen Vorzüge, welche dieser Baum vor der Fichte hat, beherzigen wollten, alle Fichten aus den Wäldern zu verdrängen, und dieses um so eher, da er einen ungleich schnellern Wachsthum hat und eben so gerade in die Höhe schießt als die Fichte. Der vielfältige äußerst große Nutzen, den ein Staat aus Wäldern von Maulbeerbäumen ziehen könnte, übersteigt alle Beschreibung. Kurz, der Maulbeerbaum verdient, wenn auch kein Seidenwurm in der Welt wäre, dennoch in jedem Lande millionenfältig vermehrt zu werden. Die schwarzen Beeren sind schmackhaft

und

und gesund, dienen daher zur Speise und Arzeney. Die Blätter geben ein sehr gutes Futter für das Rindvieh, Schafe, Ziegen 2c. ab. Sein Holz ist fest, biegsam und hart. Es läßt sich sehr gut poliren und wird daher von den Schreinern, Drechslern und zu Holzschnitten sehr gesucht. Auch kann man dasselbe sehr gut zu Ackergeräthschaften, bey der Stellmacherey, Tischlerey, beym Pfahlrammen und zu Kähnen gebrauchen, weil es dem Wasser eben so sehr widersteht, als die Eiche; und endlich liefert dieser Baum auch ein gutes Brennholz. Aus den Holzspänen bereitet man schon viele Gattungen von Farben. Selbst aus seiner Rinde lassen sich nicht allein Stricke, sondern sogar eine Art von grober Leinewand bereiten; nur ist die Rinde der jungen Schößlinge natürlich die brauchbarste dazu. Da nun der Maulbeerbaum stark treibt und man häufig Gelegenheit hat ihn zu beschneiden, so darf man nur das stärkste und längste junge Holz aus dem ganzen Abfall auslesen und es wie Hanf röthen, braten, spinnen und so weiter behandeln.

Hier verdient eine Methode bekannt gemacht zu werden, die ein einsichtsvoller Künstler erfunden hat. Er läßt nemlich junge Zweige von weißen Maulbeerbäumen, zur Zeit, da der Saft in sie hinaufsteigt, abschneiden; läßt mit großen hölzernen Hammern so lange aus allen Kräften darauf schlagen, bis sie zähe wer=

werden, und bringt sie alsdann nach Art des Hanfs in die Röthe. Mittelst dieser Behandlung zieht er aus der Rinde des Maulbeerbaums ein Werg, welches an Güte und Schönheit der Seide nahe kommt.

Noch eine gute Eigenschaft des Maulbeerbaums ist zu merken, daß er dem Raupenfraß nicht unterworfen ist und daher den Obstbäumen, die um ihn her stehen, gegen das Ungeziefer zur Schutzwehr dient. Man ist durch Beobachtungen überzeugt worden, daß Raupen, Maykäfer, Mehlthau und alle Arten von Ungeziefer lieber verhungern, als seine Blätter fressen; dahingegen das Rindvieh, Schafe, Ziegen rc. sie nicht allein gern genießen, sondern auch fett davon werden. Hierin liegt wohl schwerlich ein anderer Grund, als daß die Vorsehung diese Blätter einzig und allein zur Nahrung der Seidenwürmer zum Vortheil der Menschen, die sich damit beschäftigen sie aufzufüttern, bestimmt hat. Man würde ja wenige Fortschritte im Seidenbau machen, oder gar gezwungen seyn, denselben aufzugeben, wenn man jedes Jahr in der peinlichsten Ungewißheit leben müßte Blätter zu bekommen, und dann öfters genöthiget seyn würde, nach gehabten beträchtlichen Kosten die Würmer wegzuwerfen, wenn die Blätter vom Ungeziefer verzehret wären.

Schon diese verschiedenen Eigenschaften des Maulbeerbaums räumen ihm eine vorzügliche

liche Stelle im Pflanzenreich ein und es ist zu verwundern und kaum zu begreifen, wie es so schwer hält, den Landmann von dem vielfältigen und großen Nutzen dieses Baums zu überzeugen und ihn geneigt zu machen, dessen Anpflanzung und Verbreitung mit Eifer zu unternehmen. Und nicht diese angeführten Eigenschaften allein machen den Maulbeerbaum so nützlich; nein, was ihn erst recht unschätzbar macht, ist jene herrliche unvergleichliche Materie zur Bedeckung und Zierde des Menschen, besonders des schönen Geschlechts.

Ursprünglich ist der Maulbeerbaum nicht bestimmt gewesen, dem Luxus der Menschen zu dienen; seine Frucht und seine Blätter gehören allen Insekten zu. Erst nachdem der forschende Geist des Menschen die Mittel entdeckt hat, sich die eben genannte unschätzbare Materie zu verschaffen, hat er sich in den einzigen Besitz dieses Baumes zu setzen gewußt. Die Güte der Seide hängt nicht von dem Wurm, der sie spinnt, auch nicht von dem Saamen, der ihn hervorgebracht hat, ab, sondern man verdankt die Güte der Seide einzig und allein dem Blatte, wovon der Wurm sich nähret. Der Maulbeerbaum ist so zu sagen ein Bergwerk, das der Seidenwurm bearbeitet; und dieses Bergwerk giebt bessere oder schlechtere Ausbeute, je nachdem der Boden, der es trägt, und der Himmelsstrich, worunter es gelegen ist, es begünstigt.

Nichts

Nichts beweiset mehr, daß die Natur den Maulbeerbaum nicht zu dem einzigen Gebrauch, den wir davon machen, bestimmt hat, als daß man, wenn man gute Seide gewinnen will, ihn dem Boden, dem Klima, wo er am besten fortkommt, entreissen und ihn in eine Gegend verpflanzen muß, wo sein Wachsthum minder schnell, sein Stamm dünner und niedriger, seine Blätter nicht so breit, nicht so saftvoll und sein Laub nicht so dicht und schattigt ist. Noch ungleich auffallender und beynahe widersprechend ist es, daß der Wurm, den er in dieser fremden Gegenden ernähren soll, unfehlbar umkommen würde, wenn man nicht durch eine künstliche Wärme diejenige, die er unter dem Himmelsstriche, wo ihn die Natur allein in Freyheit zu leben bestimmt hatte, genießt, zu ersetzen wüßte.

Ganz natürlich ist es daher, ohne auf den Boden, wo der Maulbeerbaum am besten gedeiht, Rücksicht zu nehmen, ihn dahin zu verpflanzen, wo er selbst dem Seidenbau am zuträglichsten ist. Von der Wahl des Klima, des Bodens und der Lage dieses Baumes hängt die Güte der Seide ab, wozu er den Stoff liefern muß.

In einem fetten fruchtbaren Boden wächst er zu schnell, wird zu stark, sein Blatt zu saftvoll, und die Seide, in die es sich verwandelt, zu schwer und zu grob.

Ein feuchtes Erdreich, ein Thal, längs Flüssen und Bächen giebt ihm zu viel Saft, und macht ihn in kurzer Zeit zum schönsten, grünsten und frischesten Baum. Allein sein Blatt enthält zu viel wäßrige Theile. Die Seidenwürmer fressen es mit großer Begierde, werden aber davon schwach und krank, verzögern ihr Gespinnst und geben losere Seide.

In einer dürren sandigen Erde hingegen bekommt der Baum bey weitem nicht so viel Blätter; allein dieser Ausfall wird durch die Eigenschaft derselben reichlich ersetzt; sie sind weit nahrhafter und zur Erzeugung der schönsten Seide weit geschickter, als alle übrigen. Mit einem Worte, der gute Weitzenboden taugt zum Anbau des Maulbeerbaums gar nicht, wenn schon dieser das Feld, worauf er steht, nicht für sich allein aussaugt, sondern ihm zum fernern Anbau solcher Fruchtarten, wozu er tauglich ist, die nöthigen Säfte läßt.

Die Urtheile der gelehrtesten Naturforscher dieses Landes, die Resultate vieler Beobachtungen und endlich noch die Erfahrung, deren Zeugniß allemal weit überwiegender ist, als alle Gründe des Räsonnements, alles stimmt dahin überein, daß der preussische Boden überhaupt genommen, dem Seidenbau wenigstens eben so beförderlich ist, als die mehresten Gegenden Europens, die dieserhalb in dem höchsten Rufe stehen.

Was die Rauheit unsers Klima betrift, die von so vielen als ein unübersteigliches Hinderniß zum Seidenbau angesehen wird, so begnügt man sich fürs erste, ihnen zu bedenken

zu

zu geben, daß die rauhe Luft dem Seidenwurm gar nicht hinderlich seyn kann, weil man ihm in seinem Aufenthalte, vermittelst des Thermometers, denjenigen Grad der Wärme geben kann, der ihm zuträglich ist. Es bleibt also nichts weiter zu untersuchen übrig, als: ob unser Klima dem Maulbeerbaum schädlich seyn könne; dafür spricht aber schon die Erfahrung, welche beweiset, daß die Natur des Maulbeerbaums, so wie die Natur des Menschen, sich an jedes Klima gewöhnt, wo er nur hinkommt.

Gewinnnung des Maulbeer-Saamens. Säen desselben.

Da der weiße Maulbeerbaum den Seidenwürmern das beste Futter gewährt, auch durch diese die schönste Seide hoffen läßt; so ist es natürlich, daß man darauf bedacht seyn muß, wenn man gute Bäume ziehen will, auch guten Saamen zu erhalten. Diesen giebt nur der weiße Maulbeerbaum und soll von dieser Gattung der geimpfte besondere Vorzüge haben. Man sammelt ihn von solchen Bäumen, deren Blätter das Jahr hindurch nicht gepflückt worden sind, denn wenn gleich das Blätterpflücken dem Baume nicht schadet, so vermindert er doch die Masse der Säfte und die Kraft der Fruchtkörner.

Man muß die Zeit erwarten, wo die Maulbeeren den gehörigen Grad der Reife erhalten haben, um von selbst vom Baume zu fallen, alsdann sammelt man das Gefallene auf; zugleich kann man den Baum über ausgebreitete Tücher mit allen Aesten schütteln, um sicher und bequem die reifsten Beeren zu erhalten. Die Frucht wird dann zerdrückt und in ein Gefäß gethan, worin man sie 24 bis 48 Stunden läßt, bis sie in eine kleine Gährung kommt, die zur Güte des Saamens viel beyträgt. Hierauf wird sie in ein Tuch geschlagen, damit der Saft ablaufe; dann wieder in ein Gefäß geschüttet und ein wenig Wasser darüber gegossen, um die Saamenkörner von dem Fleische zu trennen. Dieses Wasser, worauf alles, was nicht zum Saamen gehört, schwimmen wird, läßt man einige Zeit stehen, schöpft alles fremde und unreine ab, gießt frisches Wasser hinzu und läßt es immer wieder, indem man das Gefäß schräge hält, abfließen, bis nichts weiter als der reine Saame übrigt bleibt. Ueber diesen Saamen wird alsdann wieder frisches reines Wasser gegossen, und dadurch der gute vom dem schlechten abgesondert; jener wird allemal weil er schwerer ist, nieder sinken und der leichte oben schwimmende ohne Mühe abgeschöpft werden können. Der gute Saamen wird hierauf aus dem Gefäße genommen, auf ein Tuch ausgebreitet und getrocknet. Ist er trocken, so wird er nochmals gereinigt, und an einem trocknem Ort so lange aufbewahrt, bis die Zeit kommt, da man ihn gebrauchen kann.

kann. Wem dieses Verfahren zu viel Umstände macht, und wer nur wenig Saamen haben will, kann die reifen Beeren an der Luft austrocknen, muß sie aber so dünne aus einander legen, daß keine die andere berühre; alsdann aber wenn er den Saamen aussäen will, die Beeren gelinde zwischen den Händen zerreiben und so ausstreuen. Der Saame muß nicht über ein Jahr alt werden, wenn er zum Säen gut seyn soll; dagegen aber kann man ihn auch säen, sobald man ihn gesammelt hat, im Monat Julius. Diese Jahreszeit ist indessen die allergefährlichste, weil alsdann die Pflänzchen nicht allein von der Sommerhitze viel auszustehen haben, sondern auch den übrigen Theil des Sommers nicht stark genug werden, um dem darauf folgenden Winter trotzen zu können. Besser ist es also, den Saamen zu Anfang des Frühlings zu säen; zumal da es leicht ist, ihn vermittelst der Strohdecken gegen die späten Nachtfröste zu verwahren. Auf diese Weise erhalten die Sämlinge das ganze Jahr hindurch die erforderlichen Kräfte, um sich mit gutem Erfolg durchwintern zu können. Um sich aber auch des Nutzens, den man vom Säen des Maulbeersaamens bey einer gehörigen Verfahrungsart hoffen kann, im voraus noch mehr zu versichern, ist es nöthig die Güte des Saamens, bevor man ihn zu seiner vorhabenden Absicht verwendet, sorgfältig zu untersuchen. Wenn nemlich die Körner zerdrückt werden, und es kommt eine klare zähe Feuchtigkeit heraus, so ist der Saame gut; wenn aber diese Feuchtigkeit sich beym Zerdrücken der Körner nicht zeigt, diese vielmehr inwendig trocken und mehlicht sind, so taugt der Saame nicht. Daher ist einem jeden Seidenbauer wohlmeinend zu rathen, sich vor der Saatzeit darum zu bekümmern, daß er guten Saamen habe, damit er nicht vergeblich arbeite und auf Bäume hoffe, wo keine aufgehen können. Er würde zu seinem größten Verdruß erfahren, daß nicht Mühe und Kosten bloß sondern auch eine Zeit von fast zwey Jahren verlohren wären.

Wenn man im Frühjahr Maulbeersaamen säen will, muß man sich schon im Herbst vorher ein taugliches Stück Land ausersehen, wozu sich jedes lockere und fruchtbare Gartenland schickt, wenn es nur in freier Luft und Sonne liegt, und nicht zu naß ist, oder schweren Leim oder sehr magern todten Sand hat, als welches Land sich ohne vorherige Verbesserung nicht zum Saatbeere schickt. Das gewählte Land zum Saamenbeete muß man im Herbst so zurichten, daß es im folgenden Frühling zum Besäen mit Maulbeersaamen brauchbar ist. Das zwey oder drittehalb Fuß tiefe Rejolen ist zwar nicht unumgänglich nothwendig, indessen muß es doch mit einem Spaten tief umgegraben und vom Unkraut gut gereinigt werden, wenn es nicht schon vorher rein gewesen ist, damit die Winterfeuchtigkeit in dieses locker gegrabene Land gehörig einziehen könne.

Eben so wenig nothwendig ist es, das zum Saatbeet bestimmte Land zu düngen oder Dünger mit einzugraben; denn ein solches kleines Fleckchen mittelmäßig gutes Land findet ja wohl ein jeder, und ganz schlechtes Land und besonders magerer Sand ist mit Dünger nicht ganz zu verbessern, vielmehr wird dieser den Pflanzen schädlich. Will man aber das Land zum Saatbeet recht gut haben, so wähle man ein Stück, welches das Jahr vorher gedünget ist, oder belege das zum Saamenbeet im Herbst umgegrabene Land mit gutem kurzen Dünger, lasse davon nur die nährenden Theile den Winter hindurch in das lockere Land einziehen, und nehme im Frühjahr den Dünger wieder weg. Müßte man aber ein bisher wüste gelegenes Land zum Saatbeet nehmen, z. B. auf Kirchhöfen, so muß es auf alle Fälle im Herbst 2 Fuß tief rejolet und mit Dünger belegt werden, so wie ein Leim- und Sandboden bloß durch Vermengung mit guter Holz- und Mistbeeterde zum Saamenbeet tauglich gemacht werden kann. Dergleichen im Herbst durch Umgraben oder Rejolen zum Saamenbeet zugerichtete Stücke Landes werden im Monat März oder Anfangs April wieder umgegraben, damit sie theils recht locker und fruchtbar werden und theils aller Keim von Unkraut erstickt und ausgerottet werden möge.

Die beste und bequemste Zeit zum Ausstreuen des Maulbeersamens ist die Mitte des May, wo sich keine rauhe mit Frost begleitete

Witterung mehr befürchten, sondern gutes warmes Wetter erwarten läßt, weil bloß Wärme und Feuchtigkeit die meisten Sämereien und vorzüglich den Maulbeersaamen zum Aufgehen bringen. Dahingegen das frühere Säen im April oder gar im März, wenn auch die Witterung zu der Zeit noch so günstig wäre, durch einen einzigen hernach eintretenden Nachtfrost auf einmal vergeblich gemacht und sowohl der Saame selbst als auch die schon aufgegangenen Pflänzchen vernichtet werden könnten; wie denn auch schon bey eintretender Kälte und Nässe zugleich der Saame verfaulet.

Den Tag, wenn man den Saamen säen will, gräbt man das Land zum drittenmal um, harkt es eben, und tritt nach einer gesteckten Schnur Beete ab, die nicht über drey Fuß breit seyn dürfen, damit man bequem wühen und gießen könne, ohne den Pflanzen Schaden zu thun; die abgetretenen Steige müßen anderthalb Fuß breit seyn. Die Länge der Beete nimmt man willkührlich, je nachdem es die Länge des Landes verstattet. Auf die drey Fuß abgetretenen Beete nun wird der Saame wie gewöhnlich in Linien gesäet, wozu vorher vier Linien nach der Schnur mit einer Harke gemacht werden, die mehr breit als tief seyn müssen, indem der Saame nicht über einen Viertelzoll dick mit Erde bedeckt werden darf, und säet denselben ohne Vermischung mit Sand oder Erde ganz allein und so dünne, daß wo möglich jedes aufgehende Pflänzchen einen Zoll breit

breit von dem andern entfernt bleibe und deck't den ausgestreueten Saamen in den Rinnen, wenn der Boden schwer, einen Viertelzoll, wenn er aber leicht ist, einen halben Zoll dick mit klein geriebener Erde so zu, daß eine kleine Vertiefung in den Rinnen bleibe, damit das Wasser desto besser einziehen könne.

Sobald der Saame auf vorbeschriebene Art gesäet ist, so muß das Saatbeet mittelst einer Gießkanne, die mit einem Durchschlag-artigen Kopf versehen seyn muß, mit Fluß- Regen- oder von der Sonne erwärmtem Wasser so stark angegossen werden, daß es nicht bloß schwarz aussiehet, sondern daß sich die Erde gehörig auflöst, feste sackt, und sich mit dem Saamen vereinigt, als wodurch der Grund zum guten Aufgehen des Saamens gelegt wird. Das Begießen muß indessen nicht so stark geschehen, daß die Erde von den aufkeimenden Pflänzchen abgespält und diese fortgeschwemmt werden.

An eine bestimmte Zeit zum Begießen muß man sich übrigens nicht binden, sondern sich bloß nach den vorkommenden Umständen und der Witterung richten. Wer daher sein Saatbeet beständig so feuchte hält, daß die Oberfläche desselben nie staubicht oder aschicht wird, sollte es auch des Tages dreymal seyn, und hierin bey trockener Witterung bis zu Ende des Augusts fortfährt; wer die Beete nach geschehener Ausstreuung des Saamens mit kurzem Dünger bedecken und das Wasser durch den Düngergießen kann, bis der Saame aufgehen will, welches in 12 bis 20 Tagen geschiehet und ihn alsdann wieder abnimmt; wer nie ein Unkraut auf dem Beete duldet, sondern durch Vertilgung desselben nur den Pflänzchen allein alle Nahrung und volle Luft zu verschaffen sucht, der wird, wenn er anders vorher seinen ausgestreueten Saamen geprüft und sich von der Güte und Aechtheit desselben überzeugt hat, zum Erstaunen viele große und gesunde Pflanzen in einem Sommer aufkommen sehen, die im nachfolgenden Frühlinge alle in Baumschulen verpflanzt werden können.

Hier ist nun der Ort, etwas von solchen Vorschlägen über Anlegung und Pflegung der Saatbeete zu sagen, die auf unnütze, öfters höchstnachtheilige und kostbare Künsteleien hinauslaufen und alles Unternehmen sehr leicht vereiteln. Wenn man zuvörderst nur einigermaßen den Zweck des Maulbeerbaums in Erwägung zieht, nemlich daß er bestimmt ist für den Seidenbau nützlich zu werden, und daher schlechterdings in freier Luft und Sonne stehen muß, so wird man selbst ohne alle fremde Belehrung einsehen, daß die Anlegung der Saatbeete z. B. in Treibhäusern, auf Mistbeeten, in verschlossenen Kasten oder in schattigen und im Schutz liegenden Winkeln ein ganz unnützes Unternehmen sey und nicht der geringste Vortheil davon zu erwarten stehe, indem die auf solche Art gezogenen Bäume muthwillig verzärtelt und ihrer Bestimmung zuwider behandelt

delt werden. Denn es ist ja ganz natürlich, daß man es nicht wagen kann, dergleichen verzärtelte Pflänzchen in eine Baumschule und in freie Luft zu versetzen, weil sie bey einer härtern Behandlung ohne Umstände ausgehen und nie fortkommen. Es kann also nach der gesunden Vernunft keine Pflanzschule zweckmäßiger angelegt werden, als wenn man die Pflanzen vom Saamen an gleich in der Freiheit zieht, wo der Baum künftig stehen soll.

Eben so unnütz und schädlich ist es, den Saamen in alte Stricke zu reiben und so einzulegen; oder den Saamen einzuweichen; oder ihn mit Sand oder Erde zu vermengen, wodurch er ungleich gestreuet wird; oder Strohdecken auf die Saamenbeete zu legen; oder einen Strohzaun um selbige herum zu ziehen.

Alles diese und dergleichen ähnliche Vorschläge sind ganz überflüßig; mancher wird dadurch irre gemacht oder gar abgeschreckt, der sonst ein gutes und vortheilhaftes Saamenbeet erlangt hätte, wenn ihm nur die kürzeste und natürlichste Verfahrungsart wäre bekannt gemacht worden, daß nemlich, wie oben gedacht, ein Fleckchen gutes Gartenland, welches vollkommen Luft und Sonne hat, gehörig locker gegraben und mit gutem Saamen dünne besäet ist, hiernächst hinlänglich feucht und rein gehalten wird, das beste und sicherste Mittel ist gute Maulbeerbaumpflanzen aus dem Saamen zu ziehen, wozu jeder auch nur einigermaßen erfahrner Landmann Fähigkeiten besitzt,

wenn

wenn er nicht durch Künsteleien irre geführt wird, die bey allen Sachen einer allgemeinen Verbreitung hinderlich zu seyn pflegen.

Die Baumschule.

Die Maulbeerpflanzen oder Sämlinge können, so bald sie die Höhe von zwey Fuß und die Dicke eines Federkiels erlangt haben, verpflanzt werden. Da sie aber nicht alle von gleicher Höhe und Stärke seyn können, so muß man nur nach und nach diejenigen versetzen, welche dieses Maaß erreicht haben, und den übrigen ein Jahr Zeit lassen, um mehr Kräfte zu gewinnen, aber zugleich die Vorsicht gebrauchen, sie mit einer Heckenscheere so zu beschneiden, daß sie mit der Erde gleich sind. Wenn nun der Sämling obige Größe hat, so kann man ihn ohne die mindeste Besorgniß, daß er darunter leide, so weit man will, fortbringen. In dieser Absicht hebt man die Pflänzchen bey 100 aus, drückt die Erde ein wenig an ihre Wurzeln an, und begießt unterwegens die Leinwand, worin man sie gewickelt, oder die Kiste, worin man sie gelegt, und welche oben und unten mit Luftlöchern versehen seyn muß.

Im ersten Herbst, von der Zeit an, da man den Maulbeersaamen gesäet hat, wählet man ein Stück mürbes schwarzes Sandland zur Baumschule; je besser dieses ist, je geschwinder werden die jungen Bäume darin fort-

fortkommen. Es muß so wie das Saamenbeet Sonne haben; auch ist es gut, doch nicht unumgänglich nothwendig, wenn es einigen Schutz von der Nordseite hat. Man läßt es drittehalb Fuß tief rejolen, zugleich auch mit gutem Mist stark düngen, damit dieser den Winter über rotten und kurz werden könne. Im Anfange des Aprils bis in den May läßt man so viel davon, als man in den nächsten Tagen mit Bäumchen zu besetzen denkt, umgraben, eben harken, und in sechs Fuß breite Länder zu drey Linien oder in viertehalb Fuß breite Länder zu zwey Linien, und zwischen den Ländern einen Steig von zwey Fuß breit abtreten.

Alsdann pflanzt man auf jedem Lande drey oder zwey Reihen Bäume und die Bäume in jeder Reihe drittehalb Fuß von einander; die Reihen selbst bleiben auf beyden Seiten eines jeden Landes einen halben Fuß vom Steig entfernt und die dritte Reihe nimmt die Mitte des Landes ein. Die Bäume selbst setzt man so, daß die der zweyten Reihe gegen die der ersten und dritten schräge stehen, folglich ihrer drey auf dem Felde ein gleichseitiges Dreyeck bilden und auf die Art von allen Seiten in einer gleichen Entfernung bleiben. S. Fig. I. Daß die Bäume drittehalb Fuß von einander gepflanzt werden, ist nicht allein deswegen nöthig, damit nicht einer dem andern die Nahrung entziehe und ihn im Wachsthum hindere, sondern auch deshalb, weil es sonst

fast

fast unmöglich wäre, einen davon zum Verpflanzen auszugraben, ohne die umstehenden an ihren Wurzeln zu beschädigen; denn ihres ungleichen Wachsthums wegen müßen einige mehrere Jahre als andere in der Baumschule gelassen werden. Ferner ist dieses Auseinanderpflanzen auch aus dem Grunde nöthig, weil die Bäume, die in der Schule zu dichte gestanden und daher sich einander zu sehr beschattet haben, kein recht abgehärtetes reifes Holz setzen, folglich nicht im Stande sind, wenn sie ins Freie kommen, dieser ihrer Zärtlichkeit wegen die freie Luft und die Sonnenhitze auszuhalten; denn ihre zarte Rinde trocknet an und die Bäume gehen aus.

Bey den mehresten Pflanzschulen findet man, daß die Bäume nur Einen Fuß von einander stehen; dieses ist zwar sehr vortheilhaft für den Gärtner, der die Bäume zum Verkauf ziehet, denn er kann auf diese Art einen Platz, wo 1000 Bäume zu drittehalb Fuß auseinander stehen können, mit fünf mal soviel, nemlich 5000 Bäumen besetzen. Für das allgemeine Beste des Seidenbaues ist dies aber höchst schädlich: denn da die Bäume in der Schule viel zu dicht stehen, so können sie, ohne zu ersticken, nicht so lange darin bleiben, bis sie zu der gehörigen Stärke gelanget sind, um im freien Felde stehen, sich in einem schlechten Lande, das man ihnen im Freien gemeiniglich nur geben kann, ernähren, und in denen heissen Tagen die Sonnenhitze, ohne

einigen

einigen Schatten zu haben, ertragen zu können. In diesem Verfahren liegt offenbar die Hauptursache, warum so viele Bäume jährlich ausgehen. Der Käufer sieht aus Unwissenheit nur auf die Höhe der Bäume, und nicht auf ihre Stärke, und der Verkäufer sucht ihn seines eigenen Vortheils wegen darin zu bestärken, da man doch bey einem starken Baum die Höhe in einem Sommer erhalten kann; bey einem hohen aber die Stärke nur durch die Länge der Zeit, durch gutes Land und zuträgliche Witterung. Den Verkäufer behagt das; er zieht seine Bäume nur geschwind in die Höhe; er läßt nemlich den jungen Bäumen den höchsten Ast, die andern schneidet er weg; dadurch schießt der Baum in die Höhe, so daß ihm im zweyten oder dritten Sommer, da er in die Schule gekommen, die Crone formirt werden kann, dann wird er verkauft. Viele sind auch wohl, wegen Mangel an Maulbeerbäumen, ohne Cronen gekauft worden, um nur die Kirchhöfe besetzen zu können. Daher die vielen elenden Ruthen auf den Kirchhöfen, die einige Jahre stehen, ehe sie sterben und alsdann einem andern eben so elenden Bäumchen Platz machen.

Ein solches Bäumchen hätte in einer Schule von zwey und einem halben Fuß Distanz recht gut werden können, wenn es nur noch zwey bis drey Jahre da gestanden hätte; denn theils stand es da im guten Lande und konnte gehörig wurzeln; theils beschattete ein Bäumchen das andere wechselsweise, so wie die Sonne herumgieng; die Rinde stärkt sich und dient hernach dem Baum, wenn er ins Freie komt, zum Schutz gegen die Sonnenhitze. Wird ein solcher Baum gehörig gepflanzt, und nur im ersten Jahr ordentlich durch Begießen gepflegt, so kommt er fort, denn er hat Wurzeln genug, in der Weite um sich herum Nahrung zu ziehen; die Rinde ist stark genug und kann ihn gegen die Hitze schützen; der Baum selbst wird auch bald stark genug, den Anfällen des Viehes oder muthwilliger Menschen zu widerstehen. Trägt es sich nun einmal zu, daß dergleichen Reiser zu Bäumen werden, wie es denn wohl bey ihrer überaus großen Menge hie und da geschiehet, so muß man das entweder der besondern Güte des Erdreichs zuschreiben, oder daß sie einigen Schatten gehabt, oder gleich Anfangs eine besondere feuchte Witterung bekommen; weil aber einer oder der andere von diesen Fällen selten zutrift, so kommen sie auch selten fort. Wer einen geräumigen Garten oder sogenannte Höfe auf dem Lande hat, der thut am besten, die Baumschule an den Steigen und Zäunen, an den Gräben auf der ausgeworfenen Erde, wenn man dergleichen hat, in einzelnen oder doppelten Reihen aufzuziehen; und in der Nähe neben ihnen nichts zu säen oder zu pflanzen, so haben sie am besten Luft, kommen gut fort, und man braucht zur Aufziehung einiger 100 Bäumchen so wenig Land, daß mans kaum vermißt.

In

In dieser Art können sie auch, da sie seitwärts freye Luft haben, dichter zusammen, als in einer Schule, nemlich in der Entfernung von zwey Fuß stehen.

Die Verpflanzung in die Schule kann vom Ausgang des März, wenn eine gelinde Witterung eintritt, bis gegen die Mitte des Maymonats geschehen. Wenn man nun dieses Geschäft vornehmen will, so nimmt man so viel Bäumchen, als man in einem halben Tage zu versetzen denkt, mit einem Spaten so behutsam, daß man die Wurzeln nahe am Stamm nicht beschädiget, aus der Erde; beschneidet den Stamm sowohl als die Wurzeln; erstern stutzet man auf vier bis fünf Augen, von letztern schneidet man das Faserichte ab; die starken und gesunden schneidet man, wenn es Seitenwurzeln sind, bis auf ein paar Zolle ab, auch wohl, wenn sie in die Tiefe gehen, drey bis vier Zoll, so daß man das Bäumchen mit einem Stock, wie eine Kohlpflanze pflanzen kann; setzt sie in oben beschriebener Weite und Ordnung, etwas tiefer ein, als sie vorhin im Saamenbeete standen, weil sie, wenn die Erde hernach sackt, doch weiter zur Erde herauskommen, als man sie gepflanzet hat; tritt sie an, damit die Erde sich dicht an die Wurzeln lege und begießt sie. Das Begießen wiederholet man den Sommer hindurch so oft, als es das trockne Erdreich erfordert; im zweyten Sommer kann es seltener, in den folgenden aber nur bey anhaltender trockener Witterung geschehen. Um jedes Bäumchen macht man eine Grube mit der Hand, damit nach dem Begießen das Wasser sich desto besser an die Wurzeln ziehen könne. Wenn die Baumpflanzen auszuschlagen anfangen, so bleiben gemeiniglich einige nach, die gar nicht, oder nicht so gut wie die andern austreiben wollen; diese muß man bey den Wurzeln untersuchen, ob da etwa sich eine Höhlung finde und auf den Fall die Erde mit den Händen gut andrücken und sie etwas stärker als die übrigen begießen, so pflegen sie sich noch zu erhohlen und nachzukommen. Thut man dieses nicht von Zeit zu Zeit, um den zurückbleibenden Pflanzen nachzuhelfen, so geht wohl der vierte oder sechste Theil der Schule aus, und Land und Mühe sind verlohren.

Bey dieser Untersuchung der kranken Pflanzen schneidet man auch Sprößlinge, die aus den Wurzeln, oder nahe an der Erde ausschlagen, weg. Denn wenn man solches bis zum folgenden Frühlinge anstehen läßt, so ermatten die Sprößlinge die Pflanze und diese strebt immer da wieder auszuschlagen, wo jene gesessen und ist geneigt ein Strauch zu werden, der das alte Holz verläßt und beständig neues ansetzt.

Zur Ersparung der Kosten für die Baumpfähle zieht man die Bäume so, daß sie sich auf alle Fälle selber halten können; man stutzt sie nemlich alle Frühjahre im März oder April auf den vorjährigen Wuchs wie die Hecken,

mit

mit dem Unterschiede, daß man alle Jahre einige der stärksten Seitenäste wegschneidet, und formirt ihnen nicht eher eine Crone, bis der Stamm die Stärke gewonnen, selbige allein zu halten. Zwar ist es bey den meisten, die Baumschulen halten, sehr gewöhnlich den jungen Bäumen keine Seitenäste zu lassen, sondern selbige alle Frühjahre wegzuschneiden, damit der Stamm, der auf diese Art wenig zu ernähren hat, desto geschwinder wachse; dieses ist aber nach der Erfahrung ein Irrthum. Denn es wird, um einen Baum bald zu stärken, nicht allein Trieb und Nahrung von unten, sondern auch Trieb und Zug von oben erfordert; das letzte thun die Seitenäste am meisten, weshalb man sie so lange lassen muß, bis eine Crone formirt werden kann, die im Stande ist den nöthigen Zug zu verrichten. Indessen kann man doch jährlich einige der stärksten Seitenäste wegschneiden, damit der Baum nicht zu viele und zu große Wunden bekomme, wenn man sie bey Formirung der Crone auf einmal kappt. Die Crone stutzt man alle Frühjahr auf ein paar Augen des vorjährigen Wuchses an jedem Aste, damit sie für den Baum nicht zu schwer werde und dieser gar zerbreche. Dem Baum darf nicht das geringste von seiner bestimmten Nahrung durch Unkraut entzogen werden, daher man dieses fleißig aushacken muß.

Ist das Land gut und hat man die Bäume auf solche Art vier Jahre in der Baumschule gewartet, so werden die mehrsten pflanrecht, d. i. unten am Stamm drey bis vier Zoll in der Rundung dick seyn; die noch nicht so stark sind, läßt man so lange in der Schule, bis sie es werden und die durch die weggenommenen Bäume in der Pflanzschule entstandenen Lücken besetzt man sogleich wieder mit Pflanzen aus dem Saamenbeete. Auf diese Art unterhält man mit wenig Kosten eine immerwährende Pflanzschule. Wenn es nöthig, verbessert man das Land alle Jahr im Herbst durch Bedeckung mit Mist und flaches Umgraben.

Das Oculiren.

Unter den jungen Bäumen findet man zuweilen einige, die kleine schmale, tief eingeschnittene Blätter haben, welche den Seidenwürmern besonders nach der dritten und vierten Häutung schädlich sind; auf diese kann man Zweige oder Augen von einem Maulbeerbaum, der gute, breite, runde Blätter hat, pfropfen oder oculiren. Man hält die Methode mit der Pfeife zu impfen für den Maulbeerbaum am schicklichsten. Diese besteht darin: man nimmt von dem Baum, dessen Art man einsetzen will, einen Zweig in der Dicke eines Schwanenkiels, schneidet ihn auf beiden Seiten so weit ab, daß er zwey oder drey Augen behält; von diesem Zweige wird die Rinde durch gelindes Hin- und Herbewegen in Form eines Pfeifchens abgelöset; den Stamm, den man

man impfen will, schneidet man so weit ab, daß dieses Pfeifchen auf die Stelle, wo man vorher die Rinde abgelöset hat, so genau passe, daß es darauf gewachsen zu seyn scheint; alsdann wird es mit Bast ein wenig gebunden, damit es genau an den Stamm anschließe und dessen Saft in sich ziehe. Nach einigen Wochen muß der Bast ein wenig gelöset werden, sonst schneidet er ein und verhindert den Wachsthum.

Man kann diese Impfung auch an einem Baum vornehmen, der ins Freye gepflanzt ist; sie muß aber, weil dann der Baum schon stark ist, an dessen Zweigen und nicht am Stamm geschehen. Die Zeit der Impfung ist der Frühling, da der Baum im ersten Saft stehet, und die Rinde sich gut ablösen läßt. Unterdessen wird bey dieser Impfungsart eine große Genauigkeit erfordert und sie kann leicht mißlingen; daher wählen andere lieber das gewöhnliche Pfropfen und Oculiren, welches die meisten Gärtner mit gutem Erfolg verrichten können.

Hier ist nun noch anzumerken, daß die Erfahrung in kalten Frühjahren gelehret hat, daß den im April oculirten Bäumen am Ende des Mays noch und im Anfang des Junius die eingesetzten und schon getriebenen Augen erfroren und nur wenige, welche die Augen noch nicht getrieben hatten, durchgekommen sind. Es ist daher auf alle Fälle rathsam, nur die Hälfte der jungen Stämme, die man ver-

veredeln will, auf dem wachenden Auge im April zu oculiren, die andre Hälfte aber im August auf dem schlafenden Auge zu impfen; dadurch bleibt uns wenigstens noch die Hoffnung, diese letzte Hälfte, wenn das folgende Frühjahr nicht so späte Nachtfröste hat, zum Wachsthum zu bringen.

Indessen ist doch einem jeden wohlmeinend zu rathen, sich auf das Oculiren und Aechtmachen der Bäume nicht einzulassen, indem die Erfahrung hinlänglich gezeigt hat, daß dergleichen Bäume sich in den nordlichen Gegenden nicht halten. In den preussischen Landen z. B. sind in dem letzten Jahrzehend viele tausend Bäume oculirt worden, wovon fast kein einziger mehr vorhanden ist. Der oculirte Baum treibt ein sehr großes Blatt, welches wasserreicher, poröser und weichlicher ist als das des wilden Baums und daher, weil es von der Sonne in unserm Erdstriche nicht gehörig präparirt werden kann, der Kälte nicht widersteht. Wo der oculirte Baum allenfalls noch fortkommt, ist ein Land, das nach Süden zu gelegen, sandig ist und eine starke Anhöhe und die Mittagssonne hat. Es ist übrigens der Klugheit gemäß bey der Maulbeerbaumzucht alle Künsteleien zu meiden; auch ist es ja bekannt genug, daß der wilde weiße Maulbeerbaum dauerhaft ist und über ein Jahrhundert aushält und gute Seide giebt, folglich das Oculiren, welches ohnedies mißlich ist, unnöthig macht. Man halte sich al-

so

so nur an obige Anweisung und ziehe Bäume aus gutem Saamen und man wird wohl dabey fahren.

Außer der jetzt beschriebenen Methode Maulbeerbäume durch den Saamen zu ziehen, giebt es noch zwey Wege, wodurch man junge Maulbeerbäume erhalten kann; durch Ableger und durch Schnittlinge.

Die Ableger lassen sich von Schößlingen, die an alten Bäumen unten am Stamm wachsen, besonders aber von Hecken bequem ziehen. Bey einem Schößling gräbt man ein zwey Fuß tiefes Loch in die Erde, füllet es wieder über Einen Fuß tief aus, und bieget den Schößling, nachdem man ihn ein wenig aufgespalten und die Spalte mit feuchter Erde angefüllt, in diese Grube und befestiget ihn durch das Antreten der Erde, so daß einige Augen reif Holz über der Erde bleiben; steckt dann einen Stock dabey zum Kennzeichen, daß er beym Umgraben des Landes nicht zerstoßen oder zertreten werde. Das Ablegen geschiehet im späten Herbst oder im Frühlinge, alsdann wird das Holz in wenig Monaten gelb gleich einer Maulbeerwurzel. Ist die Erde gut und feucht, so treibt der Zweig auch bald Wurzeln; ist sie aber mager und trocken, so ist es nöthig sie von Zeit zu Zeit bey trockener Witterung zu wässern; nach Verlauf eines Jahres können sodann dergleichen Ableger von dem Mutterstamm abgeschnitten und in eine Schule verpflanzt werden; oder auch, wenn sie Platz

 haben,

haben, so lange stehen bleiben, bis sie zur pflanzrechten Größe gelanget sind; vom Mutterstamm müssen sie aber doch abgelöset seyn, damit sie sich allein ernähren und die Mutter nicht zu ihrem Verderben absaugen.

Die Schnittlinge schneidet man von guten großblättrigen Maulbeerbäumen zu zwey bis drey Fuß vom vorjährigen Wuchse im Herbst oder Frühjahre ab; spaltet sie am untern Ende auf drey Zoll tief von einander, klemmet in die Spalte fette Erde mit einigen Haferkörnern und pflanzet sie so auf einem guten wohl zubereiteten Lande bis auf einen Fuß tief hinein; bieget sie etwas krumm, wie man die Schnittlinge von Weinholz legt, so kann man sie beym Begießen um so leichter treffen; tritt die Erde fest an und begießt sie fleißig; verschafft ihnen auch durch Tanger oder anderes Strauchwerk Schatten und wartet sie übrigens mit Umhacken und Ausjäten des Unkrauts, wie oben bey der Baumschule aus Saamenpflanzen gelehret worden.

Da übrigens manche von diesen Schnittlingen aller Wartung ungeachtet, nicht austreiben, die Pflanzen davon auch nichts kosten, so setzt man sie nur einen Fuß aus einander, um nicht Land und Wartung unnöthig zu verwenden; und wenn sie ja zufällig fortkommen sollten und sich dann hindern könnten, so kann man allemal noch von den schwächsten einige ausreißen oder sie mit dem Spaten ausheben und anderswo einsenken. Und da man zu

den

den Schnittlingen vorzüglich gutes Land haben muß und an der sorgfältigsten Wartung es nicht fehlen darf; hingegen aus einer unbeträchtlichen Quantität Saamen mit ungleich geringerer Mühe viele tausend Maulbeerbäume ziehen kann, so werden sie mehr zum Vergnügen als des Nutzens wegen gepflanzt. Diese Bäume kommen auch mit den aus Saamen gezogenen in keinen Vergleich, weil diese in unserm Klima ungleich dauerhafter sind und ein weit höheres Alter erreichen als jene und aus dieser Ursache schon einen großen Vorzug behaupten und verdienen.

Der Maulbeerbaum im Freien.

Wenn die Maulbeerbäume unten am Stam̃ drey Zoll in der Rundung stark sind, so kann man den ganzen Frühling durch von der Zeit an, da die starken Nachtfröste nicht mehr zu fürchten sind, bis dahin, da die Maulbeerbäume ausschlagen, ihre Verpflanzung vornehmen. Indessen thut man doch wohl, wenn man die Arbeit vertheilen und sich erleichtern will, die Pflanzgruben zu den Standbäumen im Herbst zu machen, auch wenn eine Verbesserung des Erdreichs nöthig ist, die Erde ebenfalls im Herbst und im Winter bey den Gruben anfahren zu lassen, so wird auch die Erde gut durchwittert, welches die Fruchtbarkeit befördert. Wie sehr daran gelegen ist, starke Bäume zur Verpflanzung ins Freie zu neh-

nehmen, und die schwachen noch in der Schule stehen zu lassen, zeigen die meisten alten Plantagen deutlich, wo in den Alleen weit schönere und stärkere Bäume stehen, auch viel weniger ausgegangen sind, als im daneben stehenden Felde, obgleich das Land nicht besser ist und sie zu gleicher Zeit gepflanzt worden, bloß weil man die starken für die Alleen ausgesucht und die schwachen ins neben stehende Feld gesetzt hatte. Sowohl im schlechten als guten Erdreich kann der Maulbeerbaum Nahruug erhalten, nur mit dem Unterschiede, daß man bey dem schlechten Lande mehr Kosten hat, wenn die Bäume gut fortkommen sollen, indem für einen jeden Baum eine halbe zweyspännige Fuhre gute, lockere, schwarze Erde von einem Weißkohllande, oder von einer guten fruchtbaren Wiese erfordert wird, um ihn darein zu pflanzen. Denn, wenn er in den ersten zwey Jahren nur gut fortkommt, so nährt er sich hernach, wenn er nur zu Zeiten beschnitten wird, in dem allerschlechtesten Lande, wo weder Korn noch Gras wachsen kann. Leidet der Baum hingegen in den ersten Jahren, so kann er sich auch in einem guten Lande, bey der sorgfältigsten Pflege nie recht erholen

Ueberhaupt kommt der Maulbeerbaum in einem mittelmäßigen Sandlande besser fort, als in dem schönsten Weitzenacker, der gemeiniglich Lehm oder Thon hat.

Die Ufer der Ströhme, Seen und Bäche, die Ränder der Brücher, Moräste und Wiesen

sind

sind wegen des Begießens im ersten Jahre und wegen des feuchten Grundes die vorzüglichsten Pflanzörter für die Maulbeerbäume; nur müssen sie nicht zu niedrig seyn: weil die Maulbeerbäume die wässerigen Gründe eben so wenig vertragen, als die Kirschbäume oder doch wenigstens eine für die Seidenwürmer ungesunde Nahrung geben. Die Heerstraßen und Viehtriften gehören auch dahin, wenn man die Kosten des Begießens nicht scheuet; indessen sind doch die Blätter wegen des Staubes bey trocknem Wetter nicht so gut als die von jenen Oertern.

Wer ganze Aecker, ohne viel davon zu verlieren, bepflanzen will, setzt die Bäume vierzig bis funfzig Fuß auseinander, gräbt die Erde um jeden Baum auf fünf Fuß im Quadrat um, weil der Pflug ihn leicht beschädigen könnte; wie man sie denn auch des Viehes wegen in der Crone sehr hoch, bis auf acht Fuß, halten muß. Und diese Bäume kommen desto besser fort, da auf den Aeckern das Erdreich locker und rein gehalten, auch zuweilen gemistet wird.

Hat man nun einen Platz zur Plantage bestimmt, so theilt man ihn in Linien, fünf und zwanzig, dreißig bis vierzig Fuß von einander, ab; hierin richtet man sich nach der Beschaffenheit des Bodens; je besser dieser ist, je weiter entfernt man die Bäume von einander, damit sie Luft behalten und nicht in einander wachsen: denn Blätter an dichten, schattigen

tigen Oertern gewachsen sind den Würmern schädlich; und Blätter aus luftigen Gegenden, besonders der Mittagsseite bekommen den Würmern wohl, geben viel Seide und sind fast die einzige Arzeney im kranken Zustande derselben. Auf den Linien bekommen die Bäume dieselbe Distanz; die Gruben macht man einige Monate vor der Pflanzzeit vier Fuß breit, in schlechtem Lande eben so tief, in mittelmäßigem oder gutem aber nur drittehalb Fuß tief; erstere füllet man mit Rasen oder Rasen-Erde einen oder anderthalb Fuß aus, steckt endlich den Pfahl, der rund, neun Fuß lang und am untern Erde der Dauer wegen mit Pech und Theer beschmiert ist, drey Fuß tief in die Erde, damit er dem Baum bey Sturmwinden zur Haltung diene.

Sind die Bäume in der Schule nach den oben gegebenen Regeln gezogen, so bedarf man hier der Pfähle ganz und gar nicht, weñ sie nur an Oerter, wo kein Vieh hinkommt, gesetzt und ihre Cronen noch einige Jahre im Freien wohl beschnitten werden. Man sparet dabey und die Bäume werden durch das beständige Anreiben an die Pfähle bey starken Winden nicht beschädiget.

Zur Pflanzzeit gräbt man die pflanzrechten Bäume aus, schonet aber dabey die Wurzeln; schneidet die faserigen bis auf einen Zoll, die Hauptwurzeln auf einen Fuß vom Stamm ab, so daß der Schnitt auf die Erde zu stehen komme; beschneidet die Zweige in Gestalt einer

ner Crone von ungefehr einem Fuß und zeichnet den Baum etwa mit Kreide um ihn nach den Himmelsgegenden eben so setzen zu können, als er in der Schule stand.

Hat man keine Erde anfahren lassen, und man kann Mistbeeterde bekommen, so nimmt man zu jedem Baum einen Schubkarren voll; mischt zwey Theile davon mit der Erde des Pflanzorts; stellet den Baum eben so darauf, als er in der Schule stand, doch einige Zolle tiefer. Die Wurzeln breitet man aus, schüttet den dritten Theil der Mistbeeterde darauf, drückt die Erde mit den Händen allenthalben an die Wurzeln an, damit nirgends eine Hölung bleibe. Dann wird die Grube vollends mit Erde, zwischen welcher dünne Lagen von gerottetem Mist gelegt werden, zugeworfen, doch so daß das Erdreich um den Baum etwas niedriger bleibt, damit das Wasser beym Begießen nicht ablaufe, und gleichsam einen Kessel von vier Fuß im Durchschnitt formirt, welcher alle Jahre im Herbst aufgehackt und wieder hergestellt werden muß; so wie man das öftere Begießen und Nachtreten der Erde im ersten Sommer, ingleichen das fleißige Ausjäten des Unkrauts nicht vergessen darf.

Die Crone der Maulbeerbäume muß sechs Fuß und an Orten, wo Vieh hinkommt, acht Fuß hoch von der Erde gezogen werden; in der Mitte hält man sie offen, wodurch nicht nur das Ablauben erleichtert, sondern die Blät-

Blätter auch durch die Luft und Sonne zu einem gedeihlichern Futter zubereitet werden.

Des bequemern Ablaubens wegen zieht man die Bäume mehr in die Breite als hoch; alle Frühjahre reiniget man sie vom Moos und beschneidet sie folgendergestalt: Alle Aeste, die hoch in der Luft gewachsen sind, schneidet man ab, desgleichen alle Aeste und Reiser, die in den Baum herein gewachsen sind und das Ablauben hindern. Alles trockne Holz schafft man weg, so wie die so genannten Wasserreiser und die Zweige, die sich an einander reiben, auch die, welche rückwärts nach dem Baume zuwachsen. Wo viele Reiser beysammen gewachsen sind, so daß eins dem andern die Nahrung nimmt, schneidet man einige der schlechtesten weg. Alle Reiser, die am Stam̃ oder aus den Wurzeln hervor gekommen sind, müssen fort. Die guten Reiser werden bis auf einige Augen beschnitten.

Dieses Beschneiden fällt manchem zu kostbar, indem solches bey einer Plantage von tausend Bäumen an dreißig Thaler Kosten verursacht. Man kann es daher füglich zu verschiedenen Zeiten vornehmen und z. B. im März und April die starken Aeste, die schwachen aber und die Reiser im May und Junius, wo man die Blätter für die Würmer brauchen kann, wegschneiden. Das ausgeschnittene Holz ersetzet die Kosten des Beschneidens hinlänglich. Bey alten in Unordnung gerathenen Bäumen schneidet man im April alles todte

Holz

Holz aus und die grünen Aeste, die nur einen Finger dick sind, ab; verschonet sie das Jahr mit dem Pflücken, damit die Aeste, welche noch guten Trieb haben, kennbar werden, und zieht und beschneidet sie das folgende Jahr nach obigen Regeln.

Schön, ansehnlich und sehr alt werden die Bäume, wenn man sie niemals pflücken, sondern das Beschneiden zu der Zeit, wo die Blätter für die Würmer gebraucht werden, verrichten läßt. Ein Mann mit einem guten Gartenmesser und Baumsäge kann für vier Frauen und Kinder genug zu pflücken schaffen. Die Zweige läßt er auf ein ausgebreitetes Laken fallen, damit sie nicht vom bethaueten Grase feucht werden, und sogleich in Schatten eines Baumes bringen und abpflücken. So geht das Pflücken oft geschwind und leicht und die abgeschnittenen Reiser zum Brennen und zu Spinnhütten sind mehr wehrt, als des Mannes Taglohn beträgt. Auf dem Baum bleibt ungefehr der halbe Theil von Blättern, die den ganzen Sommer durch wachsen und reife Zweige setzen können; der Baum bessert und vergrössert sich von Jahr zu Jahr und giebt mehr Laub. Wenn er hingegen alle Jahre abgestreift wird, so wird er im Wachsthum sehr gestört; kann in unsern nordlichen kalten Gegenden wenig oder gar keine reife Zweige setzen, die der Kälte des Winters widerstehen; kommt bald ins Abnehmen und

und geht, wenn er nicht zuweilen ein Jahr ruhet, ganz aus.

Wer alten Bäumen neue Kräfte geben und sie gleichsam verjüngen will und dabey die Kosten nicht scheuet, läßt die ganze Gegend, wo sie nur mit den Wurzeln reichen können, im Winter und zu Anfange des Frühlings drey Fuß tief rejolen und gut misten; nur zwey Fuß Erde um den Baum her läßt man beym Rejolen unberührt; bis so weit die Wurzeln weghauen und den Baum selbst auf obige Art beschneiden; dann werden die Wurzeln in die lockere Erde hinein wachsen, sich weit ausbreiten und dem Baum so viel Nahrung zuführen, daß er ungewöhnlich starke Schöße treiben wird.

Die Hecken.

Wer einen Seidenbau anlegen und nicht so lange warten will, bis die Maulbeerbäume groß werden und hinlänglich viel Blätter für eine große Menge Seidenwürmer geben, kañ Hecken anlegen. Wenn gleich die Würmer bey der Fütterung mit Heckenblättern nicht so viel Seide geben, auch nicht so starke Fäden spinnen, als man durch die Blätter von alten Bäumen bewirken kann; so ersetzt doch die Menge der Blätter, welche die Hecken in wenigen Jahren geben, nebst der Bequemlichkeit des Pflückens, welche die Kosten merklich vermindert, diesen Fehler reichlich. Auch hat

man

man noch von den Hecken den Vortheil, daß die Blätter früher ausbrechen als alle übrigen; zart, nicht sehr saftvoll, und daher der Nahrung des Seidenwurms in seinem ersten Alter völlig angemessen sind. Man spart auf diese Weise die Blätter der Maulbeerbäume, die in der frühen Jahreszeit ohnehin zur brauchbaren Größe ausgetrieben sind.

Die Anlage der Hecken geschieht auf folgende Weise. Man zieht einen Graben zwey Fuß breit und drey Fuß tief; einen Fuß füllet man wieder mit der ausgeworfenen Rasenerde und verfähret übrigens wie bey der Baumschule. Es gehöret gutes Land dazu und zweyjährige Pflanzen aus dem Saamenbeete sind am besten zu gebrauchen.

Die Hecken haben den Nutzen, daß man sie zu der Zeit, da man die Blätter braucht, auf ein paar Augen des vorjährigen Wuchses beschneidet und gar nicht pflücket; und so bekommt man mit wenigen Kosten die meisten Blätter herunter, indem eine Person mit dem Messer mehr Blätter schaffet, als vier Personen mit Pflücken; durch jenes wird die Hecke nicht so geschwächt als durch dieses, indem sie sogleich die Aeste, die sie behalten hat, forttreibet; sie bleibt grün und dient zur Zierde eines Gartens.

Wenn so nun die Hecken einige Jahre hindurch genutzt worden, dann ist es am besten, die Hauptstämme durch das Abschneiden einiger untern Zweige, welches alle Jahre um die

Zeit geschehen kann, da man die Blätter für die Würmer braucht, zu Zwergbäumen zu machen und je nachdem sie sich stärken und ausbreiten, die zu dichte stehenden anders wohin zu verpflanzen, die stärksten aber auf sechs, neun bis zwölf Fuß auseinander auf ihrem Standplatz stehen zu lassen; dann werden sie sich, weil sie Luft bekommen, schnell ausbreiten, die gemachten Lücken ausfüllen und ungleich mehr und bessere Blätter, als die Hecke vorhin hatte, geben. Die sogenannten Stammhecken sind daher für den Seidenbau nützlicher als die Gartenhecken, weil sie mehr Luft haben, und wenn sie zu dichte wachsen, man die Stämme einen um den andern herausnehmen kann, wodurch die stehenden Raum erhalten sich auszubreiten. Ihre Blätter sind gesunder als das Laub von den dichten Gartenhecken. Noch muß man bemerken, daß man nicht zu lange den Seidenwurm mit Heckenblättern ernähren und das Baumblatt nur ganz zuletzt zu Hülfe nehmen müsse; die Bäume würden sehr darunter leiden und im nächstfolgenden Jahre nur halb so viel Blätter geben, weil sie keine neue Triebe, nach erhaltenem zweyten Sommersaft, würden machen können. Man entlaube also die Hecken nur so lange, bis der Baum uns seine Blätter darbietet.

Der Maulbeerbaum nimmt übrigens alle Gestalten an, die ihm ein geschickter Gärtner geben will, und läßt sich zu Bogengängen, Boskagen, hohen und Brusthecken, u. s. w. ziehen. Im Früh-

Frühlinge dient das erste Blatt zur Nahrung des Seidenwurms, bald aber bekleidet sich das Holz wieder mit dem zweiten Blatte, so daß diese Zierde der Gärten nur auf eine kurze Zeit ihrer grünen Hülle beraubt ist. Um dergleichen Lusthecken anzulegen, bedient man sich der Sämlinge, so wie sie aus dem Saamenbeete kommen und pflanzt sie auf die gewöhnliche Weise. Man zieht die Triebe und Zweige von jedem Jahre vermittelst der Queerstäbe und Pfähle im Spalier. Die Arbeit ist leicht, allen Gärtnern bekannt, und mit einem Worte dieselbe, als bey der gewöhnlichen Charmille.

Der Zwergmaulbeerbaum.

Der Maulbeerbaum brauchte nicht höher, als vier Fuß von der Erde zu seyn; er würde eine weit schönere Crone tragen, sich besser belauben, würde nicht so sehr vom Winde mitgenommen werden, leichter zu beschneiden und zu pflücken seyn; folglich würden auch alle seine Blätter genauer abgelesen werden können. Die Kirchhöfe sind für solche Zwergmaulbeerbäume die schicklichsten Oerter; da stehen sie sicher, sind den Stürmen wenig ausgesetzt und halten den strengsten Frost aus.

Wenn man den Maulbeerbaum in Büschen pflanzte, so würde man ihn auch gut benutzen können; allein um aus einer Pflanzung dieser Art Vortheil zu ziehen, müßte man sie auf einem freien Platze anlegen, solchen mit einer

Umzäunung versehen, um ihn gegen die Angriffe des weidenden Viehes, das nach den Maulbeerblättern überaus lüstern ist, sicher zu stellen. Zu dergleichen Plätzen wären die mit Mauren umgebenen Kirchhöfe am vortheilhaftesten; nur müßte man dabey auf die Eigenschaft und Lage des Platzes sehen. Wäre der Grund etwas tief und das Erdreich fett und lehmigt, so würden die Bäume zwar gut gedeihen, allein die Blätter würden dem Seidenwurm verderblich seyn. Denn sie sind der Feuchtigkeit und dem Thaue mehr ausgesetzt, als der hohe Baum; daher müssen jene eine etwas höhere Lage bekommen.

Das Land wird zuvörderst zwey Fuß tief rejolet. Hernach, wenn man pflanzen will, macht man Gruben von zwey Fuß ins Gevierte und achtzehn Zoll tief, um den Baum einzusenken und den Wurzeln die gehörige Lage zu geben. Die ganze Pflanzung wird rautenförmig angelegt und die Büsche werden sechs Fuß auseinander gesetzt.

Der Stamm dieser Bäume muß nicht höher als sechs bis sieben Zoll, und dabey oculirt seyn, weil der wilde Maulbeerbaum langsamer treibt, weniger Blätter giebt, und nach einigen Jahren weiter nichts als ein stachlichtes Gesträuch, ein dichter Busch ohne Blätter und gutes Holz seyn würde; zwey Vortheile, auf die man bey Anpflanzung dieser Art sorgfältig zu sehen hat.

Wenn

Wenn die Büsche gut unterhalten sind, so hat man nichts weiter zu thun, als sie alle drey Jahre sogleich nach der Entlaubung einen Zoll vom Stamme abzuschneiden; man wird auf diese Weise eine ansehnliche Menge Holz erhalten.

Zu dieser Plantage sucht man unter den Bäumchen in der Pflanzschule diejenigen aus, die keinen schönen Trieb gemacht haben; und so kann man die sonst unnützen Bäume brauchen oder man nimmt sie wie vorhin gesagt worden, aus der Hecke.

Die im April oculirten Stämme können als Büsche im darauf folgenden März verpflanzt werden. Die im Julius oculirten läßt man ein Jahr länger in der Pflanzschule, damit der aus dem Oculiren entstandene Trieb hinlängliche Kräfte bekomme.

Da der Stamm, wie gesagt, nur sechs Zoll lang seyn muß, so nehme man ihm alles weg, was über dieses Maaß hinaus geht und verpflanze ihn so, daß das Auge ungefähr zwey Zoll über der Erde bleibe, weil das fernere Umgraben das Land erhöhet, und das Auge der Erde gleich machen wird. Es bedarf hier keiner besondern Anweisung, dem Stämmchen mehrere Zweige zu geben, anstatt ihm nur einen Trieb zu lassen; man darf nur der Natur ihren Lauf lassen; es werden sich zu gleicher Zeit mehrere Knospen um den Stamm hervordrängen, sie werden alle zugleich treiben, und man darf sie nur wachsen lassen, ohne sie wie bey den Bäumen abzustreifen, so wird zu Ende des Jahres ein Maulbeerstrauch sich gebildet haben, wo Anfangs nur ein einziger Trieb stand.

Der Maulbeerstrauch.

Wenn wir bereits oben gezeigt haben, wie man verfahren müsse, um gute und wohlgewachsene Maulbeerbäume geschwind und ohne der Pfähle dabey nöthig zu haben, zu ziehen; so sind doch diese Methode und die der Anlegung von Hecken nicht für die einzigen zu halten, durch welche sich eine baldige und vortheilhafte Nutzung der Blätter gewinnen lasse. Man kann noch eine andere Art von Maulbeerpflanzungen vornehmen, die gewiß weit vortheilhafter ist, weil dadurch der Zweck, bald Nutzen von den Pflanzungen zu ziehen, viel geschwinder erreicht, auch dabey viel Zeit erspart wird; und außerdem jedes ungenutzte, und oft wirklich unnütze Plätzchen dazu gebraucht werden kann. Der Seidenbau würde auf diese Art überhaupt sehr erleichtert; und je leichterer und kürzerer Mittel man sich in allen Dingen, die darauf Beziehung haben, bedient, desto eher erreicht man seinen Zweck.

Man kann also alle junge Bäumchen im dritten oder vierten Jahre als Sträucher auf alle unnütze und entbehrliche Plätze auspflanzen, auf nahe Hügel, die sonst zu nichts genutzt

nutzt werden können, an unbrauchbare Feldabhänge, die ohnedies mit Dornen oder andern Gesträuchen bewachsen sind, welche nur zu einem Aufenthalt der schädlichen Raupen dienen, und die Reinigung der Obstbäume von diesem Ungeziefer vergeblich machen. Man erlangt hiervon doppelten Vortheil: denn nicht nur jedes kleine Stückchen Erdreich kann auf diese Weise genutzt werden, weil der Maulbeerstrauch gewiß auch da gedeiht, wo jenes wilde dornichte Gesträuch wächst; sondern es wird dadurch auch den verderblichen Verwüstungen der Raupen, wenn der Landmann sonst zu rechter Zeit die Reinigung seiner Bäume unternimmt, gewiß auf eine merkliche Art Einhalt gethan, welches sonst unmöglich ist, weil dieses Ungeziefer auf jedem Baum und Gesträuch sicher bleibt, so lange es nicht die guten Bäume überfällt; selbst die wiederholten Reinigungen der Bäume sind dann vergeblich, und die öftern Verwüstungen machen den Landmann endlich verdrießlich, so daß er ihnen, ohne etwas dagegen zu unternehmen, unthätig zusieht. Der Maulbeerstrauch ist aber vor dem Ungeziefer gesichert und zugleich geschickt, die Schutzörter der schädlichen Raupen zu zerstören.

Dergleichen hin und wieder angepflanzte Sträucher lasse man alsdann wachsen, wie sie wollen; nur darin muß ihnen ein guter Wirth zu Hülfe kommen, daß er ihnen das ausgestorbene Holz nimmt, welches er zugleich zur

 Feu-

Feuerung brauchen kann. Diese Pflanzungen mögen nun Sträucher bleiben, oder zu Bäumen empor treiben, so werden sie immer gesundes Laub in Menge liefern. Hierbey kommt noch das in Betrachtung, daß man, wenn man für die Seidenwürmer überflüssiges Laub hat, außerdem noch gutes Futter für das Vieh davon ziehen kann, weil es von demselben sehr gerne gefressen wird. Man könnte auch zu dieser Absicht die Gärten und Felder, die meistens mit unfruchtbaren, oder wohl gar schädlichen Zäunen umgeben sind, statt dieser mit Maulbeerhecken befriedigen, die gewiß Nutzen schaffen würden, und der Nähe wegen um so vortheilhafter wären. Nur müßten diese Hecken natürlicherweise nicht beschnitten werden, weil sie sonst nicht so viel Nutzen gewähren würden.

Außer solchen kleinen und unbedeutenden Plätzen giebt es aber auch hie und da ziemlich geräumige, welche ebenfalls schlecht oder gar nicht genutzt werden. An solchen Oertern Maulbeerpflanzungen zu unternehmen, würde für die Zukunft große Vortheile versprechen.

Zusatz.

Vom weißen Maulbeerbaum.

Man zählt vier Hauptgattungen des weißen Maulbeerbaums, deren man sich mit Vortheil zur Nahrung des Seidenwurms bedient; diese

diese sind der wilde, der edle, der spanische und der italienische.

Man versteht unter dem wilden Maulbeerbaum denjenigen, welcher aus seinem eigenen oder eines edeln Maulbeerbaums Saamen kommt. Sein Blatt ist das kleinste, gemeinste und schlechteste von allen.

Der edle Maulbeerbaum entstehet aus dem Saamen des spanischen oder italienischen, oder aus dem Saamen eines auf diese beiden Arten oculirten, oder endlich aus dem Saamen eines schlechthin oculirten Maulbeerbaums. Sein Blatt ist größer und besser, als das wilde und dient in allen seinen Häutungen dem Seidenwurm zur Nahrung. Diejenigen, die nichts von okuliren oder einimpfen hören wollen, sollten wenigstens einige spanische oder italienische, oder nur auf diese Gattungen okulirte Maulbeerbäume im Vorrath haben, um den Saamen davon zu sammlen und zweckmäßige Pflanzschulen anlegen zu können *).

*) Herr Inspektor Löfler macht hierüber folgende Bemerkung: der okulirte Baum hat in seinen Beeren fast gar keine Körner und findet man ja dergleichen, so sind sie auch beynahe durchgehends taub und es würde mehr denn hundert Thaler kosten um nur Ein Pfund Saamen von ächtgemachten Maulbeerbäumen zu bekommen, aus dem man Bäume ziehen könnte.

Da wir nun, wie oben angeführt worden, die wilden Bäume kennen, die bey uns so dauerhaft sind und deren Blätter sehr gute Seide geben, so ist auch der Saame von okulirten Bäumen, die ohnehin bey uns nicht fortkommen, unnöthig.

Der spanische Maulbeerbaum giebt eine weiße Frucht, sein Blatt ist von der Größe einer Hand, rund, dunkelgrün, dicker als die gewöhnlichen Maulbeerblätter, saftvoll und fett, und läuft zuletzt spitz zu, in der Gestalt eines Herzens. Man will behaupten, daß diese Gattung nicht so leicht als die italienische sich an ein fremdes Klima gewöhnt. Demohngeachtet hat man doch vor etwa vier und zwanzig Jahren eine Anzahl Stämme von Cadix nach Stettin kommen lassen und daselbst gepflanzt; und diese sind in ihrem neuen Vaterlande sehr gut fortgekommen.

Die vierte Gattung, die italienische, trägt eine aschgraue Frucht, hat ungefähr ein eben so großes Blatt und von derselben Gestalt, als die vorhergehende Art, aber dabey hellgrüner, glänzender, dünner, zarter und der Nahrung des Wurms, in allen seinen Häutungen, weit angemessener.

Er wird von unsern Landwirthen unter dem Vorwande verworfen, daß er sich weder an unsern Boden, noch an unser Klima gewöhnt.

In Lyon ist er etwa in der Mitte dieses Jahrhunderts eingeführt, hat anfänglich dieselben Schwierigkeiten daselbst gefunden, die ihm hier in Deutschland noch gemacht werden, in der Folge aber fast alle andere Gattungen verdrängt. Seine Vorzüge, die er vor allen nur möglichen Arten von Maulbeerbäumen behauptet, lassen wünschen, daß er auch in un-

unsere Länder allgemein eingeführet würde. Alle Einwendungen dagegen fallen weg, wenn man bedenkt, daß die Provinz Lyon einen gebirgigten Boden, eine oft eben so strenge und weit abwechselndere Witterung hat als die Mark; und daß der unvermuthete Frost, der dort weit häufiger ist als hier, dem italienischen Maulbeerbaum eben so wenig schadet als den übrigen Gattungen. Es ist freylich wahr, daß unsere Landwirthe in einem außerordentlich strengen Winter viele Maulbeerbäume einbüßen werden; allein Italien selbst ist vor solchen Zufällen nicht sicher.

Die Vorzüge dieses Baums vor andern bestehen in folgenden darüber gemachten Erfahrungen: Die Würmer, mit den Blättern desselben genähret, liefern seidenreichere Kokons, als andere, die mit wilden Blättern gefüttert sind; denn von jenen geben 204 ein Pfund Kokons; von diesen 270 Stück ebenfalls nur Ein Pfund. Hierwider könnte aber noch die verschiedene Schwere der Puppen zum Einwand dienen. Die Abhaspelung mußte daher ein entscheidenderes Resultat geben. Nach diesem gaben 10 Pfund Kokons von italienischen Blättern Ein Pfund Seide, vier bis fünf Kokonfaden dick, und im Organsin zu gebrauchen; hingegen hatte man zwölf und ein halb Pfund Kokons vom wilden Maulbeerblatte nöthig, um Ein Pfund Seide von derselben Dicke und zum nehmlichen Gebrauch herauszubringen.

Die Güte beider Seiden ist vollkommen gleich gefunden worden.

Hieraus folgt nun: daß die Seidenwürmer, denen man das italienische Maulbeerblatt reicht, eine eben so schöne Seide geben, als diejenigen, die mit dem wilden erzogen werden; daß die erstern besser gesponnene und seidenreichere Kokons verfertigen; und daß der italienische Maulbeerbaum in aller Absicht die Gattung ist, die man am allermeisten begünstigen muß.

Es giebt noch mehrere Vortheile, die dieser Baum gewähret. Sein Blatt läßt sich überaus leicht pflücken, weil, wie bekannt, der Saft durch das Einimpfen sich verbessert, längere und geradere Zweige schießt, die sich nie durchkreuzen; so daß man zehn Säcke Blätter von dieser Art abgestreift hat, ehe man nur Einen von dem wilden Maulbeerbaum abgelesen haben wird. Dabey ist es nahrhafter als das wilde; denn man darf den Würmern zur Zeit, wann sie die meiste Nahrung verlangen, nur drey oder viermahl in vier und zwanzig Stunden davon streuen; dagegen ihnen sechsmal frische Blätter von der wilden Gattung aufgeschüttet werden müssen.

Ferner dienet sein zweytes Blatt zur Stallfütterung. Zwar könnte man es nicht pflücken ohne dem Baum selbst zu schaden; man darf aber nur den ersten Frost und den Herbstnebel abwarten; alsdann fällt es von selbst ab, und das bisweilen in einer einzigen Nacht.

Man

Man kann diesen Blätterfall, wenn man will, durch ein leichtes Schütteln der Zweige befördern; alsdann sammeln Frauen und Kinder sie auf; man läßt sie einen oder zwey Tage auf dem Felde trocknen, bringt sie hernach ein, vermischt sie sogleich mit Weitzen und Roggenstroh, wo sie weder faulen noch sich erhitzen, und den Kühen und Ochsen eine frohe gesunde und schmackhafte Nahrung darbieten, wobey die Kühe den ganzen Winter hindurch reichliche Milch geben.

Noch ein Vortheil, der aus dem Beschneiden der Bäume entsteht. Tausend Maulbeerstämme von achtzehn bis zwanzig Jahren liefern, weil man sie jährlich beschneiden muß, einer ansehnlichen Wirthschaft alles nöthige Brennholz.

Zweytes Kapitel.

Der Seidenwurm.

Bey dem Unternehmen eines Nahrungsgeschäftes ist es unstreitig gut und nützlich, ja nothwendig, alle Gegenstände desselben, deren Natur und die Geschichte natürlicher Begebenheiten, die sich darauf beziehen, zu kennen, wenn man vernünftig und gut wirthschaften oder gründlich von der Wirthschaft denken will. Der Hauptgegenstand des Seidenbaues ist der Seidenwurm. Viele bauen Seide und kennen dieses vortrefliche Thierchen nicht, da es ihnen doch so beträchtliche Vortheile bringt, welche aus eben dieser Ursache zum Theil verlohren gehen. Daher wird ein jeder, der die Natur des Seidenwnrms und seine vorzüglichen Eigenschaften kennt, den Seidenbau mit weit größerm Nutzen treiben als jene; denn er sucht alles, was auf dieses Geschäft Beziehung hat, oder damit verbunden ist, der Natur des Seidenwurms gemäß einzurichten und gewiß, er fährt wohl dabey, und wird sich nie von Vorurtheilen leiten lassen, welche so sehr wider den Seidenbau eingerissen sind; denn es ist unstreitig wahr, daß da, wo Vorurtheile gegen denselben herrschen, auch der Seidenwurm im eigentlichen Verstande nicht bekannt ist.

Die-

Dieses giebt daher Veranlassung, hier vorläufig etwas von der Geschichte, der Natur und den Eigenschaften des Seidenwurms zu sagen, deren Kenntniß dem Liebhaber des Seidenbaues von großem Nutzen ist und ihn fähig macht, die Hauptregel beym Seidenbau zu befolgen: daß man Zucht und Wartung, so viel es nach den Umständen nur möglich ist, der Natur des Wurms gemäß und ungekünstelt einrichten müße. Und wer diese Regel anzuwenden versteht und sie wirklich anwendet, für den ist der ganze Betrieb des Seidenbaues nur ein Spielwerk.

Naturgeschichte des Wurms.

Der Seidenwurm ist eine Raupe und gehört sonst zu den Insekten, die wir in unserer Sprache Ungeziefer nennen. Allein es ist ein so edles, reinliches, frommes und unvergiftetes Thierchen, daß es in der That Beleidigung desselben ist, ihm diesen Namen, der etwas schädliches und verächtliches mit sich führt, zu geben. Und ob es gleich nicht geleugnet werden kann, daß der Seidenwurm mit den Raupen überhaupt vieles gemein hat, so muß man ihn doch wegen seiner besondern Eigenschaften gleichsam für den König der Raupen halten, wobey es höchstmerkwürdig ist, daß alle andere Arten von Raupen sich nie an dem ihm eigenthümlichen Futter, nemlich den Blättern des Maulbeerbaums vergreigreifen; auch kein anderer Wurm so leicht das Holz dieses Baums benaget, oder dahin seine Eier und seinen Saamen bringet. Man kann aber auch diese Raupe nicht unter diejenigen zählen, die in unserer Gegend einheimisch sind, nemlich ursprünglich und von selbst hervorkommen, ob wir gleich eine große Anzahl von Raupengeschlechtern haben. Denn sie ist zu uns erst in ihrem Saamen aus Italien, Spanien, Frankreich und Persien gekommen und ist also in so weit fremder Abkunft. Allein weder Frankreich noch Italien ist ihr ursprüngliches Vaterland, wo sie sich nemlich von Natur selbst ohne Kunst und Fleiß aus ihrem Saamen fortpflanzet, und ihr Seidenknäulchen als ihre Frucht bringet. Beyde Länder und viele andere, wo sie jetzt gezogen wird, waren ehemals so davon entblößt, als Teutschland noch vor hundert und funfzig Jahren, wo man damals eine solche Raupe vielleicht noch nicht gesehen hatte; und es wird noch nicht hundert Jahre seyn, daß man in unserm Vaterlande angefangen hat, an einigen Orten auf ihre Zucht zu denken. Die Italiener und hernach die Franzosen musten den ersten Saamen von andern Orten, wo sie längst bekannt und berühmt war, holen; dann waren wir genöthiget, und sind es wegen unserer Nachläßigkeit und Vorurtheile zum Theil noch, die Italiener und Franzosen oder Persianer darum anzusprechen.

Noch

Noch im dritten Jahrhundert nach Christi Geburt gab der Kaiser Aurel seiner Gemahlin, die ein seidenes Kleid von ihm haben wollte, zur Antwort: „Gott behüte mich, daß ich „nicht einige Fäden nach Goldgewicht kaufe!“ In Italien galt nemlich damals ein Pfund Seide ein Pfund Gold; und in diesem Lande war zu der Zeit so wenig als in Frankreich und Spanien Seidenwürmerzucht und Seidenbau. Ja es ist sogar der Gebrauch der Seide selbst in Europa später als in Asien und Afrika gewöhnlich worden, und in vielen Ländern dieses Welttheils hat man sich sehr lange dieses aus einem Blättersafte gesponnenen Goldfadens der Seide in den ältesten Zeiten bedienet, ohne einmal den Ursprung dieser vortrefflichen Waare zu wissen. Daher trift man auch so viele sonderbare Meinungen davon bey den Alten an. Einige alte berühmte Schriftsteller glaubten, es sey eine der schönsten, zartesten und glänzendsten Gattungen Wolle, die in Italien auf Bäumen wachse. Vielleicht haben also die Unwissenden daselbst, wo sich diese Würmer wild fortpflanzen und ihre Seidenknäulchen auf den wilden Maulbeerbäumen spinnen, und an selbige anhängen, die Knäulchen für Früchte des Baums selbst gehalten, und diese Sage nach andern Gegenden, wo dieses nicht war und wohin nur die Seide gebracht wurde, verbreitet.

Indien ist das eigentliche Vaterland des Seidenwurms, von dem auch der Name Se-

 rer

rer entstanden, den man der indianischen Nation bey den Alten beygelegt hat, wo diese Raupe ohne Zuthun der Menschen, wie unsere Raupen ausgebrütet wird, und ihre gesponnenen Seidenknäulchen an die wilden Maulbeerbäume Jahr aus Jahr ein hänget. Wenigstens war dieses die Meinung der Griechen, von welchen Europa die Seide bekommen. Doch scheint auch ein alter Dichter gewußt zu haben, daß in Afrika, besonders im Mohrenlande, eben dergleichen geschehe, welches er aber für Baumwolle angiebt. Ja aus Mohrenland kam die Seide nach Egypten und die Kinder Israel brachten solche schon mit in die Wüsten und ins gelobte Land. Dahingegen aus Indien eben dieselbe nach Persien und China fortgepflanzt worden. Und in China zu Tunquin ist man sogar bey ihrer natürlichen Zucht geblieben und hat selbige so veranstaltet, daß sie ohne menschliche Beyhülfe sich selbst auf den wilden Maulbeerbäumen oder Büschen fortpflanzen, füttern, warten, ihre Knäulchen anhängen und ihren Saamen wieder anschmeißen, aus welchen mit dem Frühjahre, und wenn der Baum Blätter gewinnet, die neue Brut erfolget.

So lange sich aber auch schon die Seidenzucht in andere Welttheile ausgebreitet hatte, so wenig wußte man doch in Europa von dem Bau selbst, sondern Griechenland, Constantinopel, Italien, Spanien 2c. bekamen ihre Seide noch zu Kaiser Justinians Zeiten von den Persern

sern. Dieser Kaiser schickte zwey Mönche, die den Seidenbau zu verstehen versicherten, nach Indien und zwar nach Serinda um von da eine Quantität Seideneier zu holen: und so wurde der erste Seidenwurmsaamen in der Mitte des fünften Jahrhunderts nach Constantinopel gebracht und durch die Hitze des Düngers ausgebrütet; die Würmer aber wurden mit wilden und andern Maulbeerblättern genährt.

Seit dieser Zeit hat sich erst der Seidenbau von Constantinopel nach Athen, Theben und Corinth in Griechenland ausgebreitet; daselbst waren auch die ersten europäischen Seidenmanufakturen. Hernach aber, jedoch sehr lange, pflanzte man in Italien Maulbeerbäume in Menge und legte Seidenzuchten und darauf Seidenmanufakturen an. In Sicilien wurde im zwölften Jahrhundert der Seidenbau veranstaltet; und von den Sicilianern ist dieses Nahrungsgeschäft zuerst nach Spanien gekommen; von da erst im funfzehnten Jahrhundert nach Frankreich. Hier fand es grosse Hindernisse, die endlich Ludwig der Vierzehnte zu heben wußte und diese Nahrung besonders dem Landmanne möglich und angenehm machte, wozu er sich unter der Veranstaltung des großen Cameralisten Colberts des Iserarts bediente, der vom Seidenbau gründliche Kenntnisse hatte.

Diese Länder geben uns ein Beyspiel, das die Lehrsätze, welche ihren Grund in der Un=

wissenheit, Nachläßigkeit und eigennützigen Arglist haben, auch ohne eigene Erfahrung schon sehr wahrscheinlich, obgleich stillschweigend widerleget. Daselbst waren ehemals ein Seidenwurm und ein Maulbeerbaum so wenig zu sehen, als man vor einigen Jahrhunderten bey uns in Teutschland allerhand schöne Obstgärten, Pfirschen- und Kirschenbäume sah. Fleiß, Arbeit und Versuche aber haben alles in Italien und Frankreich, zum unbeschreiblichen Nutzen dieser Nationen, nach und nach in eine andere Gestalt verwandelt, und sie haben sich dadurch in den Stand gesetzt, uns für unser schweres Geld in leichte Seide kleiden zu können. So wie die Gallier zu Julius Cäsars Zeiten eigensinnig behaupteten, daß sich die italienischen Weinreben für ihr Land und ihren Himmelsstrich nicht schickten, bis ihnen Cäsar das Gegentheil zeigte, da er nemlich dieses Gewächs am ersten mit gutem Erfolg und größtem Nutzen für die Nachkommen anpflanzen ließ; wie andere vor ihm in Italien gethan haben, wo man ebenfalls keinen Wein bauen konnte oder bauen zu können glaubte, so kann dieses alles zum Beweise dienen, daß wir ganz abscheulich irren, und das entweder aus Unwissenheit oder aus Vorsatz, wenn wir daraus, daß vor diesem bey uns so wenig die Seide als der Maulbeerbaum gebauet und gepflanzet worden, da solches im Anfang etwas Mühe, Zeit, Geduld und Arbeit kostet, und dergleichen schließen wol-

wollte: es werde und müsse nicht angehen, oder doch wenigstens keinen Nutzen haben, nichts einbringen, und also alles Angeben und Anfangen vergeblich seyn. Doch es giebt noch andere Einwürfe; die kalte und rauhe Witterung, die Landesart, verschiedene fehlgeschlagene Versuche, und, da der Landmann die Sache angreifen muß, wenn etwas rechtes dabey herauskommen und genug rohe Seide gewonnen werden soll, dessen Einfalt und Versäumniß in andern nöthigern und bekanntern Landwirthschafts-Geschäften, u. s. w. werden beständig angeführt. Allein das Gegentheil davon ist theils bereits oben beym Maulbeerbaum gezeigt; theils wird es unten bey der Seidenzucht noch mit mehrerem bewiesen werden.

Der Hauptgegenstand des Seidenbaues ist, wie gesagt, der Seidenwurm; diesen muß billig ein jeder kennen, der mit demselben ein beträchtliches Nahrungsgeschäft unternehmen will. Die meisten Leute stellen sich theils aus Mangel dieser Kenntniß, theils aber, weil man bisher auch bey uns die Regeln und Künsteleien der Italiener und Franzosen ohne Ueberlegung befolgt hat, die Zucht und Wartung der Seidenwürmer bis dahin, daß man gute Seidenkokons und neuen Saamen erndtet, sehr schwer und mühsam, wenn gleich nicht als eine saure Arbeit, vor. Und deswegen sey es erlaubt, noch eine Anmerkung über die Zucht und Wartung dieser Thierchen, die

 zwar

zwar allgemein ist, aber doch wenig beherziget wird, vorauszuschicken.

Wenn man nemlich in der Zucht und Wartung eines Thiers, welches sich an andern Orten wild und von Natur fortpflanzt und seinen Nutzen ohne sonderliches Zuthun der Menschen bringet, von der Natur und ihren Umständen zu weit abgeht und künstelt, nicht aber bloß dasjenige, was dem Thiere an seinem natürlichen und wilden Zustande in den Umständen unsers Orts und in der zahmen Zucht und Wartung abgehet, durch den Fleiß zu ersetzen, und was seinen natürlichen Wirkungen in unsern Umständen schädlich ist, durch Vorsorge zu heben suchet, so wird die Wirthschaft zu gekünstelt, die Natur gezwungen, ja ihre Wirkung nach und nach verwöhnt, geschwächt, entkräftet, und das Thier selbst verzärtelt.

Daß man z. B. nach den Vorschriften der Franzosen den hier gezeugten Saamen der Würmer immer wieder durch andern Saamen erfrischen; daß man so viele Krankheiten bey den Würmern verhüten und unzählige andere Dinge beym Seidenbau nach den Regeln ihrer und auch einiger teutschen Lehrbücher in Acht nehmen soll, scheinen bloß Folgen davon zu seyn, daß man nicht so viel möglich bey der Einfalt der Natur dieses Thiers in seiner Zucht und Wartung geblieben ist und unsere Umstände darnach einzurichten gesucht hat. Denn eben durch das gezwungene Künsteln und das Spielwerk, sind die Italiener, die Franzosen

und

und wir genöthiget, immer auf mehrere Künsteleien zu denken, wenn man nicht allen Vortheil von ihnen verlieren will. Dadurch nun wird das ganze Geschäft so viel mühsamer und so viel schwerer zu lernen, als es kunstreicher wird, ohnerachtet es dadurch um nichts einträglicher werden kann, vielmehr weniger Nutzen bringet.

Man verfahre also bey diesem ganzen Geschäfte der Natur des Seidenwurms gemäß; und dieses kann man nicht, wenn man die Natur dieses an sich wilden Thierchens nicht kennet; eines Thierchens, das zwar vieles mit unsern Raupen gemein hat, indessen aber eine Raupe ist, die ihr Vaterland in solchen Gegenden der Welt ursprünglich und in ihrem wilden Zustande hat, wo wilde Maulbeerbäume wachsen, wo eine reine, trockene und gemäßigte Luft während der kurzen Zeit ihres Daseyns in der Natur, dabey aber kein strenger Winter ist, als welches eigentlich alles Umstände sind, die bey uns nicht sind und die wir entweder ändern, oder wo es die Natur nicht zuläßt, dennoch die schädlichen Wirkungen so viel möglich verhüten und mindern müssen.

Natur und Eigenschaften des Wurms.

Der Seidenwurm nun bestehet, wie unsere Raupen, aus vielen ringförmigen Gliedern, die sich an einander und wieder von einander zie-

ziehen, und so den Körper von einer Stelle zur andern bewegen. Sie haben Füße mit Gelenken und Hacken versehen, womit sie sich an die Rinde der Bäume, der Pflanzen und an die Blätter anhängen und feste machen, besonders wenn sie schlafen wollen. Sie sind wie alle Raupen zweyerley Geschlechts und paaren sich als Schmetterlinge durch die Hintertheile ihres Leibes, ja wenn dieses nicht geschieht, so sind die Eierchen des weiblichen Geschlechts zur Zucht so wenig als die Eier unserer Hühner ohne Hahn dienlich. Sie haben wie alle Raupen etwas in sich, das von dem Harze der Blätter, die sie fressen, entstehet, und je besser, fäserichter, leimichter, reiner das Harz und durch Austrocknung zur Festigkeit zu bringen ist, das die Blätter geben, desto besser, schöner und fester wird das Seidenhaar, welches sie spinnen, wenn es an die Luft kommt. Dieser Faden oder dieses Haar dienet andern Raupen auch, um sich vor ihren Feinden, vorzüglich den Vögeln, zu retten, indem sie sich daran geschwinde, wie die Spinnen von den Bäumen herunter lassen und auch nachher wieder hinauf ziehen. Die Naturforscher merken dieses an und wir sehen es mit unsern Augen. Und es ist kein Zweifel, daß die Seidenwürmer, wenn wir sie in ihrem natürlichen und wilden Zustande sehen sollten, nicht denselben Gebrauch von diesem Faden, den sie, sobald sie ihre Größe nach der vierten Veränderung erhalten haben, aus der Schnautze hängen lassen, machen würden. Denn ihre Feinde sind sowohl die Vögel, als die Mäuse und Spinnen, so wie sie es für alle andere Raupen auch sind, von denen sie sich nähren. Nicht alle Raupen bey uns sind haaricht, daß man es sehen könnte. Und unter die glatten Raupen gehört auch der Seidenwurm, wenn er zu seiner Vollständigkeit gelangt ist. Allein in der zarten Jugend scheinet er von der Natur auch dieses Mittel der Vertheidigung gegen das Wasser und die Feuchtigkeit empfangen zu haben, als welches beydes er wirklich so wenig als alle unsere Raupen, vertragen kann, besonders wenn Kälte und Wind dazu kommen, und an ihre Leiber stark andringen können. Unsere gemeinen Raupen sterben davon, oder werden doch in eine große Ohnmacht und Mattigkeit versetzt, das heißt, sie werden krank. Und beydes widerfährt auch dem Seidenwurm. Ja dieser kann so wenig Donnerwetter, starke Bewegung der Luft, folglich auch kein Schießen und nahes starkes Pochen, Kälte, Rauch, starke Hitze, vertragen, als die andern Raupen, die nicht gesunder und schöner leben, als wenn sie in einer stillen, reinen, gemäßigten, nicht zu heissen und nicht zu kalten, und trocknen Luft, unten und auf ihren Blättern, Kräutern oder an ihren Baumschalen sitzen, zu gewisser Zeit schlafen, zu gewisser Zeit fressen und endlich in solcher Stille ihre Hüttchen verfertigen können. Es kostet ihm sowohl als un-

unsern andern Raupen entweder eine Krankheit und Schwachheit oder er stirbt gar, wen das Widerwärtige anhält, und er nicht wieder erquicket und durch ein Gegenmittel erhalten und gestärkt wird.

Unsere Raupen fressen nichts als Laub, und zwar jede Gattung derselben das von den durch die Natur ihnen besonders angewiesenen Pflanzen. Nur im höchsten Nothfall lassen sie sich auch solche Blätter gefallen, die ihrem rechten Futter am ähnlichsten sind; andere Blätter fressen sie gar nicht, ja sie schaden ihnen. Allein sie sind auch alsdann nicht vergnügt, nicht so gesund, und ihre Arbeit geht ihnen nicht so gut von statten; ihr Werk selbst ist nicht so gut, als wenn sie ihr ihnen eigenes Futter haben, wenn sie gleich ein dem ähnliches Futter genießen.

Ein bekannter Naturforscher hat angemerkt, daß fast jede Gattung von Bäumen und Blättern ihre eigenen Raupen habe, denen sie zum Futter gewidmet sind, nur daß eben diese Art, wenn sie älter wird, öfters ein anderes, jedoch dem ersten ähnliches Blatt zum Futter suche. Dieses Futter empfinde die Raupe durch den Geruch so weit, daß sie von Ferne hinzu zu eilen pflege. Der Seidenwurm verhält sich in allen diesen Stücken den Raupen ähnlich. Sein eigenes und bestes Futter ist das Blatt des wilden und weißen Maulbeerbaums. Und je schöner, zarter, gummichter, frischer und trockner dasselbe ist, desto gesun-

der

der ist es ihm, und desto schöner wird sein Werk und seine Brut. Allein im Fall der Noth und zu einer gewissen Zeit seines Alters, z. B. im Anfange seines Lebens, nimmt er auch zarten Sallat an, ingleichen Stechpalmen, Nasen, und eine Art von Brombeerblättern, ja auch bis an seine Spinnzeit, die Blätter von unsern zahmen Garten-Maulbeerbäumen, die wir ihrer schönen Beeren wegen längst bey uns gepflanzet haben, vorzüglich wenn sie nicht zu stark und grob sind. Er befindet sich aber nicht so wohl dabey, als bey seinem eigenen Futter. Gleichwohl hat man ehemahls geglaubt, es sey einerley. Und die schwarzen Maulbeerblätter, die so leicht bey uns erfrieren, haben eben dieser ihrer Zärtlichkeit wegen den wilden und weißen Maulbeerbaum ins unverschuldete Geschrey gebracht, und das alte Vorurtheil, das gewiß nur in einer unschicklichen Behandlung dieses vortreflichen Baums seinen Grund hat, unterhalten, daß er schwerlich in den etwas kalten Ländern sich halten könne.

Es giebt auch keine Raupe in der Welt, welche nicht, so wie jedes Ungeziefer, ihre Eier oder ihren Saamen an solche Oerter legen sollte, wo die Jungen, wenn sie die Sonne ausbrütet, ihr Futter sogleich vor sich finden könnten. Das ist ein allgemeiner Satz, den die neuern Naturkündiger so gut als folgenden festgesetzt haben: daß nemlich kein Ungeziefer aus der Fäulniß, sondern aus Eierchen seiner

Art,

Art, wohl aber oft an solchen Orten entstehe, wo die Natur durch die Fäulniß ihrer Brut und Nahrung hilft. Und es ist ganz gewiß, daß der Seidenwurm, wenn er seiner Natur nach wild bey uns leben könnte, es eben so, und zwar mit weit weniger Mühe und Zuthun des Menschen machen würde. Er würde auf wilden Maulbeerbüschen, wie zu Tunquin in China, seinen Saamen an die Aestchen schmeißen und ankleben; dieser würde im Winter ganz wohl erhalten werden, wenn auch der Baum selbst von der Kälte Schaden litte. Denn das werden wir bey den Eierchen unserer Raupen gewahr, und soviel berichtet man uns aus China. Die in diesen Eiern befindlichen Thierchen würden im Frühjahr mit dem Ausbruch ihres Futters an dem Orte, wo sie kleben, auskriechen, wenn die Sonnenwärme darauf wirkte und alsdann sich selbst von den Büschen füttern, von einem zum andern gehen, wenn die ersten kahl gefressen, daran schlafen und sich verwandeln, ja endlich darauf unter den Blättern sich einspinnen und ihre Kokons an die Büsche hängen; diejenigen aber, welche man nicht zur Seide davon absammlet, sondern zur neuen Eierbrut daran hängen lässet, würden endlich zu ihrer Zeit auskriechen, in Gestalt eines kleinen weissen Schmetterlings, und in beyderley Geschlecht erscheinen, sich auf diesen Büschen paaren, ihren Saamen wiederum ankleben und alsdañ wie unsere Raupen in der Gestalt der Schmetterlinge vergehen und sterben. Denn so wie unsere Raupen erst in Gestalt kleiner Würmerchen erscheinen, nach und nach größer werden, verschiedene Farben bekommen, ihre Haut einige Mahle verändern und sich alsdañ in ein Behältniß, welches auch bey einigen eben so ein Knäulchen oder Kokon ist, als die Seidenwürmer machen, verschließen, daselbst Püppchen, Bohnen, Kokon oder Datteln werden, endlich aber sich in Schmetterlinge oder geflügelte Thierchen verwandeln, in dieser Gestalt herauskommen, sich paaren und ihre Eier legen; eben so hält es die Natur mit dem Seidenwurm und also ist er auch hierin den Raupen ähnlich.

Der Seidenwurm nun ist, wie schon gedacht, aus verschiedenen beweglichen Ringen oder Gelenken zusammengesetzt, hat Füße und Klauen und einen Kopf, daran man eine Hirnschale voll Gehirn findet, welches sich vermittelst der Rückgratsgelenke durch den ganzen Leib in die Länge ausbreitet. Im Munde hat er zwey Reihen Zähne, womit er durch die Bewegung des Gebisses von der rechten zur linken Seite, gleichsam wie mit einer Scheere die Blätter zerschneidet, zugleich aber auch dieselben festhält. Er hat ein Herz, das ganz merklich schlägt, und daraus schließen einige, daß er Adern habe, in welchen ein Saft gleich dem Geblüte herumlaufe. An dem Rückgrat sitzt die Lunge und das Herz. Dieses ist eine so lange Röhre als der Wurm ist,

wel-

welche viele kleine Kämmerchen hat, so in der Mitte weit, an beyden Enden aber enge sind. Die Lunge ist eine gedoppelte Kette, die sich auf beyden Seiten ausbreitet, aus vielen Köpfen besteht, die mit Löchern versehen sind, welche man auswärts an den Rippen gewahr wird und wodurch die Luft in die Lunge dringet und dem Wurm die Ausdehnung und Bewegung, ja den Umlauf der Säfte verschaffet, ohne welchen er nicht leben kann. Denn sobald solches entweder davon oder weil er sonst zu dick ist, nachläßt, so wird er krank, und wenn ihm nicht geholfen wird, so stirbt er. Das ist die Ursache, warum eine mit groben und feuchten, oder auch stinkenden Dünsten angefüllte oder zu kalte Luft, ja der Regen, weil der Wurm wie alle Insekten ein sehr zartes Gefühl hat, denselben krank macht. Denn das erste und letzte unterbricht nach und nach den Umlauf seiner Säfte wegen der dicken Luft. Ja sogar die Ausdünstung seines eigenen Unflats, den er von sich läßt, oder von faulem Laube, ingleichen der Staub im Zimmer, der Rauch u. s. f. sind Ursachen, daß diese Verdickung durch die kleinen Oeffnungen seiner Lunge erfolgt. Und wenn man diese beyden Seiten, wo die Oeffnungen, die die Luft zur Lunge führen, liegen, mit Oel oder Fett beschmieret, so wird man sogleich gewahr werden, daß er den Krampf bekomme, und wenn ihm nicht zeitig geholfen wird, sterbe; dahingegen stirbt er nicht, wenn dieses nur am

Kopf,

Kopf, Rücken, oder Bauch geschieht. Mit allen Insekten hat es fast eben diese Bewandniß, die man daher durch Fett tödten kann.

Zwischen dem Herzen und der Lunge liegt das Gedärme nach dem Bauche zu, darin die Verdauung seines Futters geschieht; und an dem Schwanze sind die Zeugungs- und Geburtsgefäße, welche man aber, wenn der Wurm die Gestalt einer Raupe hat, nicht sehen kann, sondern erst dann, wenn er in der Gestalt eines Schmetterlings hervortritt, als in welchem Stande er nicht mehr frißt; wiewohl man auch jetzt vieles davon mit unbewaffneten Augen nicht erblicket.

Diese Gedärme bestehen theils aus unzähligen dünnen Gefäßen, theils aus einem dünnen sehr langen Darm, welcher jene hin und her umschlinget. In diesen Gefäßen befindet sich oberwärts ein fließendes Harz, welches der Wurm aus dem Saft der Maulbeerblätter zieht und daraus sein Garn macht. Es muß also der wilde Maulbeerbaum einen sehr harzigten Saft haben, und eben deswegen erfrieret er nicht so leicht, wie man sich bisher ganz irrig bey Gelegenheit des zahmen und schwarzen Garten-Maulbeerbaums vorgestellt hat, der ungleich weniger davon besitzt, und dieses wenige noch dazu mehr in seine sehr saftigen und süßen Beeren, als in seine Blätter, die mehr erdicht sind, getrieben wird. Wenn nun der Wurm mit diesem Harze recht angefüllt ist, alsdann kann er nicht mehr fressen und der harzigte Saft wird zäher, folglich kann er nicht mehr umlaufen, hemmt mithin auch den Umlauf der übrigen Säfte, welchen die Natur alsdann durch das Fressen nichts mehr zusetzen kann, sondern es zehret der Wurm von dem Vorrath der Säfte; diese nehmen hierauf ab, und deshalb brauchen sie keinen sonderlichen Zugang der Luft, ja der Wurm verschließt sich vielmehr davor und wird ein Püppchen und aus diesem ein Vogel oder Schmetterling.

Dieser harzige Saft fängt alsdann an, ziemlich gelbgrünlich durch die Haut zu spielen; der Wurm aber wird dick und glänzend; der Saft brennet und treibt ihn, sich desselben zu entledigen, daher schlenkert er mit dem Kopfe auf allen Seiten herum und dieses ist seine Bewegung bey der Spinnerey und Weberey. Er richtet sich in die Höhe und sucht eine Stelle, wo er seinen aus der Schnautze hangenden Faden anhängen und sein Gespinnst, wozu er dieses Harz braucht, anfangen könne. Zu dem Ende hat dieses Thierchen unter seinem Maule ein Werkzeug, welches fast wie ein sehr zartes Zieheisen der Dratzieher eingerichtet ist, wodurch diese nach und nach den Gold- und Silberdrath immer feiner machen. Dieses Werkzeug des Wurms aber hat nur zwey Löcher, die das Thierchen doch weiter und enger machen kann, ob sie gleich an sich vorn enger und hinten weiter sind. Durch diese Oeffnungen läßt es zwey Tropfen dieses Harzes fließen und macht sie an einem bequemen Orte fest. Hierauf

auf wendet es den Kopf weg, oder hin und her, und zieht mittelst dieser Bewegung durch die beyden Oeffnungen zwey Fäden, die ihre Dicke von der Weite der Löcher erhalten, durch welche sie gezogen werden. Je weniger erdichte Theile nun das Harz in sich hat, und je besser es zubereitet ist, desto klarer und schöner wird das Haar; und eben nach diesem Umstand richtet sich der Wurm in der Erweiterung und Verengerung seiner Zieh- und Spinnlöcher.

Eben dieses ist auch der wahre Grund, wenn eine Seide nach dem gemeinen Sprachgebrauch, besser oder seidenreicher als die andere ist; denn ein mehr oder weniger erdichtes und grobes Harz macht eine mehr oder weniger schöne Seide, die sich theils am Glanze, am seidenhaften Gefühl und an der Festigkeit, nicht aber wie einige glauben, an der weißen Farbe erkennen läßt. Denn es ist ein Irrthum, wenn man vorzüglich an den weißen Kokons die schönste Seide zu finden glaubt. Und weñ man ja aus der Farbe etwas schließen könnte, so finden sich Gründe, woraus man beweisen könnte, daß die weiße Farbe vielmehr ein Zeichen von schwacher Kraft und Dauer der Seide sey.

In dem Augenblick nun, da die beyden Härchen durch die Ziehlöcher gezogen werden, werden diese Fäden auch trocken und fest, wenn der Wurm sie vorher beym Ausziehen mit den Vorderfüßen an einander gedrückt und einen gedoppelten Faden daraus gemacht hat, und dar-

darauf sein Gewebe anfängt. Denn anfänglich fährt er mit dem Kopfe hin und her, und befestiget diesen Faden an verschiedenen Stellen seines Spinnorts; welches denn noch ganz verworren und nicht dichte geschieht. Es ist gleichsam sein entferntestes Regentuch, welches die sogenannte Flockseide ist und der Nässe in etwas widerstehen kann. Und wirklich schadet ihm jetzt auch die feuchte Luft und andere Dinge nicht so leicht mehr; nur Spinnen und Mäuse sind ihm noch gefährlich.

Nach dieser Arbeit fängt er an sich einzuspinnen und sein Einsiedlerhüttchen zu rechte zu machen, indem er mit feiner Seide sein Knäulchen verfertiget. Zu dem Ende fährt er nunmehr mit dem Kopf und seinem Fadenzug abwärts, hernach in die Höhe, ferner queer über die Seite, bald gleich bald kreuzweise, bis er sich vom Schwanze an nach dem Kopf hin immer weiter mit einem ununterbrochenen Faden oder Haar umgewickelt hat. Wie denn auch, wenn der Wurm gesund ist, oder von einer äußerlichen Ursache nicht sehr gerührt, bewegt und erschreckt wird, in einem guten Kokon an der feinen Seide keine Enden gefunden werden. Wenn er in seiner Arbeit bald bis an den Kopf kommt, so kann er sich nicht mehr mit demselben so sehr hin und wieder bewegen; daher ist vorne die Seide nicht kreuzweise gewickelt, und die Spitze, wo sein Kopf liegt, und wo endlich der Schmetterling auch hernach herauskriechet, ganz dünne, daß sie leicht durchgebrochen werden

den kann, wenn der Schmetterling seinen Saft, welcher fressend ist, von innen daran bringt. Wie denn auch die Würmer diese Spitze der Knäuelchen niemals an einen festen und harten Ort anlegen, damit sie desto besser durchbrechen können.

Durch diese ungleich festere Decke nun, so die gute Seide in sich hält, verwahrt er sich gegen die eindringende Luft, und endlich umhüllet er sich noch mit der dritten Decke, die noch stärker als die vorige ist, und wie man glaubt, auch wieder die Kälte, wofern sie nicht sein Sterbekittel ist; indessen kann man es nicht mit Gewißheit entscheiden. Denn man kann diese Arbeit nicht eher sehen, als bis der Wurm in einer andern Gestalt gleichsam wieder auferstehet; oder wenn man ihm seine andern Decken weggenommen hat. Alsdann findet man erst, daß er sich noch in ein aus Harz und Seide ganz dichte, wie Taft gewebte dritte Decke verhüllet habe, in welcher er seine vierte Haut abstreift, die ganz verschrumpelt um das Püppchen herum liegt, denn in dieses Püppchen wird er in dieser Höle verwandelt, so wie hiernächst nach einiger Zeit in einen weißen Zweyfalter oder Schmetterling, der mit weißen zarten sehr feinen Fäden über und über bedeckt ist und alsdann endlich mit Flügeln, Schnautze, langen Füßen u. s. w. versehen, hervorbricht.

Nach seinem neuen Auftritt paaret er sich, und wenn das Weibchen sich von einem röth-

 lichen

lichen Safte gereiniget, und seine Eierchen, die anfänglich wie kleine gelbe Hirsekörner aussehen, gelegt hat, so stirbt dasselbe eben sowohl als das Männchen, von selbst, ohne Krankheit.

Die Alten haben zwar die diesem Tode vorhergehende Verwandlung des Wurms in ein Püppchen schon für einen wirklichen Tod gehalten und dabey mancherley Gedanken über die Auferstehung der Verstorbenen gehabt; allein man kann nur einige Aehnlichkeit mit dem Tode eines Thiers, nicht aber einen eigentlichen Tod in dieser Verwandlung finden. Und es ist auch nicht wahrscheinlich, daß eben der Zweck des Thiers mit seinen vielen Decken die Verwahrung gegen Luft und Kälte sey, weil es ja nicht so lange in seiner Hütte bleibt, bis diese strenge wird; sondern alle diese Decken scheinen vielmehr die Absicht zu haben, damit die Ausgeburt des Püppchens und Zweyfalters durch nichts äußerliches verhindert, die natürliche Wärme aber gleichsam zusammengezogen und gehalten werde, die zu diesen beyden Verwandlungen nöthig ist. Denn nach diesen Verwandlungen erst, und wenn er den Stoff zu seines Gleichen, nemlich mehr als dreyhundert Eierchen hervorgebracht hat, stirbt er den eigentlichen und völligen Tod. Das aus Flock- und guter Seide bestehende Knäulchen aber ist, weil die erstere sehr locker um das gute Seidenknäulchen liegt, etwas größer als das Ei einer Taube, das gute Seidenknäulchen

aber

aber etwas kleiner. Indessen hat doch der Faden der guten Seide von dem Ende an, womit die Flockseide aufhört und abgerissen wird, eine Länge von 930 bis 980 Fuß; und da der Faden, wie gedacht, gedoppelt ist, so spinnt der Wurm einen Faden von beynahe 2000 Fuß. Der Engländer Boyle hat solches erforscht und gefunden, daß dieser doppelte Faden, der 930 bis 980 Fuß feine Seide hält, reichlich, wenn gleich die Seide auch etwas getrocknet ist, drittehalb Gran Goldgewicht schwer sey. Man hat auch in Teutschland die Probe gemacht und es eben so befunden. Dieses ist also das Gewicht der feinen Seide auf einem Kokon, jedoch eher mehr als weniger. Im Durchschnitt kann man aber nur so viel rechnen, indem bisweilen auch an einigen etwas verdorben wird.

Drittes Kapitel.

Vorrichtungen zum Seidenbau.

Bevor man an die eigentliche Anstalten Seide zu gewinnen, wozu das Ausbrüten des Seidenswurmssaamen die ersten Beschäftigungen giebt, denken kann; muß man dafür sorgen, daß es den Würmern, so groß oder klein deren Anzahl auch seyn mag, die man unterhalten will, nie an Nahrung fehle. Zuvörderst muß man Gelegenheit haben, zu allen Zeiten und so oft es nöthig ist, eine für die ganze Zahl der Würmer hinlängliche Menge von Maulbeerblättern erhalten zu können, es sey aus starken Baumschulen, oder von Hecken, die man angelegt hat, oder von Standbäumen, die wenigstens ein paar Jahre gestanden haben, oder von Bäumen, die man zum Belauben gemiethet hat. Ist nun diese Gelegenheit so bequem, daß man unter den Maulbeerblättern eine Auswahl treffen kann, so ist es allemal am besten, zwey Drittheile oder wenigstens die Hälfte der Blätter von alten Bäumen zu haben, damit man mit selbigen von der dritten, oder aufs späteste von der vierten Häutung an füttern könne; denn dieses giebt die gesundesten Würmer, wie auch mehr und stärkere Seide, als wenn man sie durchgehends mit jun-

jungen Blättern erhalten muß. Wer indessen Gelegenheit hat, durchgehends mit Blättern von alten Maulbeerbäumen füttern zu können und nicht einmal nöthig hat, anfangs auch nur Heckenblätter oder Laub von jungen Bäumen zu nehmen, der hat gewiß die besten Würmer, wird daher auch den einträglichsten Seidenbau treiben. Hieran ist aber keinesweges derjenige gebunden, der keine alte Blätter bekommen kann, daß er aus dieser Ursache den Seidenbau unterlassen oder aufgeben müsse; denn man kann ihn mit jungen Blättern ebenfalls mit beträchtlichem Vortheil unternehmen, indem die Bequemlichkeit des Pflückens derselben den Mangel an Güte so ziemlich ersetzt; nur muß man im voraus bedenken, daß die Würmer von den jungen Blättern, weil sie dünner als die alten sind, mehr fressen können und doch nicht so viel Seide geben, als bey der gehörigen Fütterung mit alten Blättern, wornach man sich daher beym etwanigen Miethen richten muß.

Für so viel Würmer also, die ein Pfund Seide hoffen lassen, als wozu 2500 bis 3000 erforderlich sind, geben drey bis vier alte Hauptbäume, oder zwanzig gute triebsame Mittelbäume von zehn Zoll in der Rundung am Stamm eine hinlängliche Menge Blätter, nach welchem Verhältniße man denn auch die Hecken und Baumschulen, wenn anders keine Blätter zu haben sind, berechnen kann. Hiernach läßt sich also ferner für eine jede größere Menge

Würmer das erforderliche Blättermaaß bestimmen.

Bey der vorläufigen Berechnung des Futters ist jedoch noch zu bemerken, daß man dabey auch zugleich auf den künftigen Zustand der zu entlaubenden Bäume Rücksicht nehmen müsse und daher den Ueberschlag so machen, daß man im voraus überzeugt seyn könne, daß entweder einige Bäume werden können ganz in Ruhe gelassen, oder doch alle Bäume, die man für den Seidenbau nutzen will, nur mäßig und nicht zu strenge noch weniger völlig kahl entlaubet werden, die Würmer aber dennoch keinen Mangel an Futter leiden. Diese Vorsicht zum Vortheil eines jeden Seidenbaues in den künftigen Jahren und zur Sicherung des aus demselben zu erhaltenden Gewinnstes muß nie außer Acht gelassen werden, weil wir solches nur durch gute Bäume und Laub erhalten können; auch gerathen wir, wenn wir hinlängliches Futter in Beschlag genommen, nicht in die Verlegenheit, am Ende aus Noth theures Futter kaufen und aus entfernten Gegenden mit großen Kosten herbeyschaffen zu müssen; durch welches gezwungene Mittel wir wenigstens einen beträchtlichen Theil des sonst erhaltenen Gewinns, auch wohl obendrein unsere Arbeit verlieren würden. Ja wenn noch der Fall käme, daß alles Futter zufälligerweise vergriffen und gar nichts für Geld zu haben wäre, so wären außer dem Verlust des Gewinns und der Arbeit auch alle gehabte Kosten verlohlohren; denn man müßte die Würmer wegen gänzlichen Mangels an Futter noch ehe sie sich einspinnen könnten, wegwerfen. Man handle daher mit Ueberlegung, lege nicht zu viele Graines aus und mache eine richtige Berechnung des Futters; oder man befolge die Regel: lieber zu wenig als zu viel Graines auszulegen, oder in Zeiten einen Theil der Würmer zu vernichten und man wird am sichersten seinen Zweck erreichen.

Ist nun zureichendes Futter für die Würmer, welche man zu halten denkt, ausgemittelt und nicht zu befürchten deshalb in Verlegenheit zu kommen; so muß man ferner für den gehörigen Raum sorgen, den die Würmer bey zunehmendem Wachsthum einnehmen. Man darf zwar wegen besonders auszusuchender Oerter für die Würmer nicht sehr bekümmert seyn; denn sie können auf allen Tischen, Stühlen, Bänken, Brettern, u. s. w. mit etwas untergeiegtem Papiere oder alten Maulbeerlaube in Zimmern, Küchen, Kammern, auf Böden, Haustennen, oder in Sommer- und Gartenhäusern, wo aber keine Sonne hin scheinen darf, auf Bast - oder Strohdecken gehalten und gefüttert werden, und man darf nicht fürchten, daß sie sich verlieren. Sie kriechen nicht vom Platze, so lange sie nur Maulbeerlaub zum Futter haben, bis sie sich einspinnen. Sogar in Küchen mit Rauch befinden sie sich wohl? nur darf der Ort, wo sie sind, nicht feucht, naß oder stinkend seyn.

Sobald man aber den Seidenbau ins Große treiben und dabey gewinnen will, so ist es allerdings nöthig, solche Anstalten zu treffen, daß man eine große Menge Würmer in einem Zimmer beysammen halten könne. Ein Zimmer also, worin zehn bis funfzehn Tausend Würmer, die etwa vier bis fünf Pfund Seide geben, gehalten werden sollen, muß acht Fuß breit, vierzehn Fuß lang und acht Fuß hoch, aber nicht höher, seyn: in einem solchen Zimmer macht man ein Seitengerüste, vierzehn Fuß lang und drittehalb Fuß breit, das Gerüst bekommt vier Fächer anderthalb Fuß über einander und enthält also hundert und vierzig Quadratfuß Flächenraum. Der übrige Raum des Zimmers ist zur Arbeit hinreichend und im Nothfalle, wenn die Würmer sehr gut gerathen und sich folglich noch mehr ausbreiten, kann man noch ein kleines Gerüst anbringen.

Zu einer größern Anstalt z. B. auf zehn bis zwölf Pfund Seide gehört ein vierzehn Fuß langes und eben so breites Zimmer, in die Mitte desselben kommt das Gerüst, zwölf Fuß lang und fünf Fuß breit und ebenfalls mit vier Fächern, welches doppelt so viel und noch mehr Raum giebt als das obige. Zu dergleichen Gerüsten werden vier starke Doppellatten, die so lang sind als das Zimmer hoch, aufgerichtet, welche durch Sproßen nach der vorgeschriebenen Länge und Tiefe verbunden und hiernächst durch Verkeilungen befestiget wer-

werden. Die Sproßen dürfen nicht mit Brettern, die das Gerüst nur kostbar machen, auch schädlich sind, weil sie die Unreinigkeiten der Würmer zu sehr in sich ziehen und außerdem noch das Durchstreichen der Luft verhindern; sondern bloß mit Latten belegt werden; auf diesen kann ein jeder die Unterlagen zu den papiernen Schachteln, worin die Würmer liegen, nach eigenem Gutdünken, machen; doch thut man am besten, wenn man es haben kann, Horden von Weidenruthen zu flechten und auf die Latten zu legen, weil da die Luft gut durchziehen kann.

Bey der Einrichtung einer Anstalt zum Seidenbau muß man übrigens hauptsächlich darauf Rücksicht nehmen, daß man alles dazu erforderliche in der Nähe habe; nemlich die Seidenwurm-Zimmer im untersten Stock des Hauses und nahe bey seiner Wohnung; die Maulbeerbäume in der Nähe umher, so wie das Blätterbehältniß; auch müssen die Leute, welche am Seidenbau arbeiten, nicht zu entfernt wohnen und vorzüglich die Maulbeerbäume in ihrer Nähe haben. Hierdurch werden natürlich Arbeit und Kosten erleichtert. Was für Kosten also im entgegengesetzten Falle, wenn der Seidenbau eine Viertelmeile oder noch weiter von einer Maulbeerbaumplantagen entfernt angelegt würde, zum Betriebe desselben erfordert würden, bedarf hier keiner weitläuftigen Erklärung, da ein jeder solches selbst leicht einsieht.

Hier-

Hiernächst ist man auch in Zeiten auf die Spinnhütten bedacht, deren ohngefehr Einhundert zu zehn Pfund Seide gebraucht werden. Dazu besorgt man die nöthigen Ruthen im März und April, aber nicht später, weil dann das Abstreifen Kosten verursacht. Wer wilden Beyfuß haben kann, der auf einigen Kirchhöfen und andern unbebauten Oertern wächst, braucht ungleich weniger, als wenn er Birkenreiser nehmen muß. Eine Schubkarre voll ist für zehn Hütten auf einem einfachen Gerüste hinreichend; man muß also zehn Karren voll zu zehn Pfund Seide haben; dagegen möchten von Birkenreisern wohl achtzehn bis zwanzig Schubkarren voll nöthig seyn. Wo die Reiser nicht gut zu haben und theuer sind, kann man allerley Strauchwerk von Obstbäumen und Weinstöcken, die um diese Zeit beschnitten werden, nehmen; noch besser wäre es, wenn man sich im Herbst vorher Beyfuß- und Spargelreiser angeschaft hätte, die in dieser Jahreszeit zu bekommen und am besten zu sammlen sind, weil sie sonst den Winter durch verwettern und man sie dann im Frühjahr nicht brauchen kañ. Diese Reiser haben zum Spinnen der Würmer und zum geschwinden Aufbauen der Hütten vor allen andern den Vorzug. Da indessen, wo die Birkenreiser nur mit vielen Kosten, die Spargel- und Beyfußreiser aber gar nicht zu haben sind, hat man doch bey jenen, wenn sie gleich kostbar sind, und man sie sich einmal angeschaft hat,

den

den Vortheil, daß man sie mehrere Mahle brauchen kann, wenn man sie nach geendigtem Seidenbau ausbrennt, und sie dadurch von der Floretseide reiniget, sie in Thau und Regen wirft, wieder trocknen läßt und zum künftigen Gebrauch aufbewahrt. Den gänzlichen Mangel an Spargel- und Beysußreisern kann man durch alle Arten von Strauchwerk, besonders durch Heide- und Häsen- oder Rehkraut ersetzen, auch Rübesaat- und anderes steifes Stroh mit Hobelspänen vermischt, vortheilhaft zum Spinnen brauchen, welches besonders in holzarmen Gegenden, z. B. im Magdeburgschen u. s. w. von nicht geringem Nutzen und eine große Erleichterung beym Seidenbau ist.

Im untersten und obersten Fache des Gerüstes kann man immer im voraus Hütten bauen, weil hier die Würmer beschwerlich zu halten sind. Denn wenn man zu bauen anfangen wollte, wenn die Würmer der Spinnzeit nahe sind, so würde sich die Arbeit zu sehr häufen. Es ist daher rathsam, die Wände an den Seitenstellagen und eine Linie in der Mitte einer jeden Doppelstellage bereits im März und April mit Ruthen zu bestecken; dann können die Hütten zur Spinnzeit, wo die Besorgung des Futters und die Reinigung der Würmer schon Beschäftigung genug geben, in der Geschwindigkeit gemacht werden.

Die Hütten werden in der Breite eines Bogen Papiers von einander gebauet, damit man

man einen Bogen voll Würmer zur Spinnzeit, mittelst einer Rolle, bequem hineinschieben könne; unten macht man sie so schmal und oben so breit als möglich, um den Würmern viele Gelegenheit zum Spinnen zu geben. Ueber die Spinnhütten umher klebt man Papier, etwa drey Zoll breit, damit die Würmer nicht überkriechen und herunter fallen.

Ferner schafft man sich in Zeiten die erforderliche Quantität Seidengraines an, wovon man vier Loth auf zehn Pfund Seide rechnen kann. Man kann zwar zuweilen bey allen günstigen Umständen mit guten Blättern und bey sorgfältiger Wartung der Würmer von Einem Loth Seideneier drey bis vier Pfund Seide gewinnen; in einzelnen Fällen und bey einem Seidenbau im Kleinen ist es sogar möglich, wenn alles dabey gut von statten geht, aus Einem Loth Graines bis sechs Pfund Seide herauszubringen, weil das Loth über zwanzigtausend Eier hält und zu dieser Quantität Seide etwa sechszehn bis achtzehntausend Kokons erfordert werden. Im Durchschnitt aber und besonders beym Seidenbau im Großen wird es doch schwerlich höher als auf drittehalb Pfund von einem Loth gebracht. Denn außer der unachtsamen Wartung der Würmer giebt es ungleich mehr schlechte als gute Maulbeerblätter, weil alle Bäume, die nicht vier und zwanzig Fuß auseinander stehen, schlechtes Laub haben; wohin auch selbst die zu rechnen sind, welche zwar in dieser Entfernung

nung gepflanzt worden, aber im Wachsthum so zugenommen haben, daß sie einander mit den Zweigen berühren, folglich Mangel an Luft und Sonne leiden. Die Blätter davon sind wässericht, und allemal weicher und lappichter, als das Laub an Bäumen, die in einer größern Entfernung stehen. Hieraus erhellet, wie nöthig es sey, die Bäume so zu pflanzen, als oben bey der Maulbeerbaumzucht angegeben worden. Eine Plantage also, worin die Bäume nur zwölf bis sechszehn Fuß auseinander stehen, ist für die Seidenzucht mehr schädlich als nützlich.

Die Graines verwahret man in einer Mitternachtsstube und stellet sie wider Ungeziefer sicher; bey einfallenden sehr warmen Tagen im April bringt man sie in einen Keller, bis die Witterung wieder kühl wird, wo man sie auch ohne Gefahr lassen kann, bis sie ausgebrütet werden sollen, nur muß der Keller luftig seyn. In kühle Gefäße, Töpfe, Gläser oder zwischen zinnerne und irdene Teller darf man sie nicht legen, weil sie, sobald sie einen kleinen Grad der Reife erlangt haben, leicht erkälten, und alsdann gar nicht oder nur zum Theil auskommen. Diese Behutsamkeit ist besonders dann nöthig, wenn die Graines verschickt worden und unterwegs sowohl als durch die Wärme in den Posthäusern zu einiger Reife gekommen sind. In diesem Falle müssen sie in ihren Papieren bleiben und in einem luftigen Keller oder einer kühlen Kammer mittelst

eines

eines Zwirnfadens an einen Nagel gehangen werden, damit sie vor den Mäusen sicher sind.

Ausbrütung der Seideneier, Wartung der Würmer bis zum Häuten.

Wenn die Maulbeerbäume anfangen auszuschlagen und die Knospen an denselben sich entwickeln; kurz, wenn die Zeit da ist, wo diese Bäume gewöhnlich grünen; dann ist man darauf bedacht, die Seideneier auszubrüten. Indessen ist diese Zeit nach der Lage der Länder gegen Mittag oder Mitternacht, oder auch nach deren Tiefe und Höhe, so wie nach ihrem Abhange gegen Mittag oder Mitternacht verschieden und man richtet sich hierin hauptsächlich nach den Maulbeerbäumen, wenn diese grüne Blätterchen zeigen, welches gewöhnlich in der letzten Hälfte des Maymonats geschiehet. Zuweilen sieht man schon am Ende des Aprils oder zu Anfange des Mays Blätter an den Bäumen; dadurch muß man sich aber nicht irre machen lassen, indem nach dem gewöhnlichen Laufe der Natur immer noch zu befürchten ist, daß starke Nachtfröste kommen, wodurch das Laub, wo nicht erfrieret, doch wenigstens im Wachsthum still steht und dann ist man kaum im Stande auch mit den größten Kosten den schnell zunehmenden Würmern hinlängliche Nahrung zu schaffen.

Wir dürfen also dieses Geschäft nicht eher unternehmen, als bis wir etwa gegen das

Ende

Ende des Mays junge Maulbeerblätter haben können, deren Größe wir ohngefähr als Eingroschenstücke annehmen können, damit nicht jemand, wegen einfallender kalten Witterung und daraus erfolgender Zurückbleibung der Blätter im Wachsthum, die Würmer etwa zu zeitig auskriechen lasse. Es wäre daher sehr unüberlegt gehandelt, wenn man hier sich bloß nach dem Ausschlagen der Hecken richten wollte, in der Meinung die allgemeine Regel zu befolgen und mit Heckenblättern im Futtern der Seidenwürmer den Anfang zu machen, mithin Seidengraines zum Brüten auslegte, sobald man nur wüßte Heckenlaub zu bekommen, ohne dabey zugleich auf das Grünen der Maulbeerbäume selbst Rücksicht zu nehmen. Den Nachtheil, der aus diesem Verfahren natürlicherweise, wo nicht immer doch zu manchen Zeiten entstehen muß, kann sich ein jeder selbst berechnen, ohne daß es hier nöthig ist, darüber einen weitläuftigen Beweis zu führen. Man darf nur bedenken, daß die Hecken acht bis vierzehn Tage früher Laub geben, als die Bäume; nun legt man beym Ausschlagen der Hecken Graines aus; man bekommt Würmer und füttert sie mit Heckenblättern; die Hecken werden in etwa zehn Tagen, je nachdem man derselben viel oder wenig hat, bey einer starken Anzahl Würmer entlaubt und von den Maulbeerbäumen kann man noch keine Blätter pflücken, weil diese aufs höchste nur entwickelte Knospen ha-

haben. Es fehlt also an Futter; und kurz, das ganze Unternehmen Seide zu bauen ist vergeblich, weil es unbedachtsam angefangen war.

Bey solchen Umständen nun sind die Hecken für den Seidenbau offenbar mehr schädlich als nützlich; da sie im Gegentheil ihren guten Nutzen gewähren, wenn man sie nemlich zu der Zeit nützt, daß man von ihnen auf die Maulbeerbäume übergehen kann und zu dieser Zeit und nicht früher das Auslegen der Graines vornimmt.

Wenn wir aber dennoch in die Verlegenheit gerathen, daß, nachdem die Seidenwürmer bereits ausgekommen sind, noch anhaltend kühle Tage kommen, und die Blätter dadurch im Wachsen zu sehr aufgehalten werden, die Würmer unterdessen in den warmen Stuben fortwachsen; so muß man diese dadurch im Wachsthum aufhalten, daß man ihnen geringere Wärme und weniger Futter giebt und dieses statt viermal, jetzt nur dreymal und zugleich sparsam, bis die Witterung wärmer wird und der Seidenleim Zeit gewinnet in den Blättern zur gehörigen Consistenz zu kommen. Zu lange darf man aber auch nicht warten, denn je älter die Blätter sind, jemehr werden sie fleckicht und schadhaft und für die Würmer untauglich. Diese gerathen nicht besser, als wenn sie mit den Blättern wachsen; junge Würmer müssen junge Blätter, alte Würmer alte Blätter haben.

Diese

Diese Regel kann zum Einwurf gegen diejenigen dienen, welche behaupten, daß man in Einem und demselben Jahre zweymal Seidenwürmer halten könne. Die Probe ist wahrscheinlich nur mit einigen Hunderten gemacht und davon ein Schock oder auch einige Kokons darüber gezogen worden; dieser Verlust wird im Kleinen nicht bemerkt: wer aber im Großen den Versuch machen wollte und nur den vierten oder sechsten Theil von seinen Würmern zum Spinnen brächte, würde dabey auf alle Fälle Schaden leiden; außerdem kommen auch die neuen Graines im Julius und August nicht ordentlich aus. Häufige Erfahrungen lehren, daß unter hundert Schmetterlingen oft kaum zwey solche Eier legen, die in demselben Jahre auskommen; die andern brüten nicht aus, man mag Wärme geben, wie man wolle. Dieses sieht man, wenn sie noch auf den Lappen sind; da sind die ausgekommenen Graines allezeit beysammen wie sie gelegt werden. Die alten Graines taugen auch wenig über ihre Zeit und müßte man sehr tiefe und kühle Keller haben, sie so lange zu erhalten, bis die ersten Würmer gesponnen hätten; nicht zu gedenken, daß die Bäume das späte Ablauben nicht so gut als im Frühlinge vertragen, weil sie dann nicht Zeit genug haben, neue Schöße zu treiben, die vor dem Winter reif werden könnten; man dieses auch selbst in den wärmsten Gegenden Italiens, wo der Sommer ungleich länger als bey uns ist, den Maulbeerbäumen nicht zu leide thut.

Zum Ausbrüten der Würmer heitzet man eine Stube ganz gelinde, und wenn die Witterung warm ist, nur so wenig, daß es darin nicht kälter sey, als in der äußern Luft. Um die Arbeit theilen und dadurch destomehr Würmer abwarten zu können, zugleich aber auch weniger Platz zu brauchen, bringt man erst die Hälfte der Graines, die man ausbrüten will, nemlich nach dem obigen Beyspiel zu zehn Pfund Seide, zwey Loth in die gewärmte Stube; fünf Tage darauf die andern zwey Loth; wobey denn noch zu merken ist, daß man die Graines, wenn sie in einem kühlen Keller aufbewahret worden, nicht von da gleich in die gewärmte Stube bringen darf, sondern dann erst, wenn sie vorher etwa acht Tage in einem ungeheitzten Zimmer gelegen haben; wie man sich denn hierin ziemlich nach der Anlage der Witterung richten kann. Denn läßt das Wetter sich gut an, so daß man bald Laub zu erhalten hoffen kann, so muß man auch mit dem Ausbrüten der Würmer eilen und die Eier in die Wärme bringen, wodurch jenes denn um so mehr beschleuniget wird, da die Graines die Tage vorher nicht so kalt als im Keller gelegen haben. Ist hingegen keine günstige Witterung zu hoffen und die Bäume schlagen nur langsam aus, so läßt man die Graines in der kalten Stube, wo sie längere

Zeit zum Ausbrüten brauchen, welches in diesem Falle auch nöthig ist.

Zum Ausbrüten macht man für zwey Loth Graines ein Kästchen von einem Quartblatt Papier, mit einem zwey Fingerbreit hohen Rande, legt sie hinein und bedeckt sie mit einem durchlöcherten Papier, daß in das Kästchen hineinpaßt, welches dazu dient, daß die auskommenden Würmer, wenn sie durch die Löcher kriechen, nicht die Graines mittelst der Fäden, die sie in den Mäulern haben, auf die Maulbeerblätter schleppen können, weil dadurch das Aussondern sehr erschwert werden würde. Ist der Saame vorher an sehr kühlen Orten verwahrt gewesen, so ist er von der Reife weit entfernt und liegt sieben bis neun Tage, ehe sich Ein Wurm sehen läßt. Hat er weniger kühl gelegen und von den etwanigen warmen Tagen im April etwas empfunden, so ist er der Reife näher und die Würmer kommen wohl am zweyten oder dritten Tage aus. Die Reife erkennet man so ziemlich an der grauen Farbe des Saamens; je dunkeler diese ist, desto unreifer und je heller sie ist, desto reifer ist der Saamen. Die Farbe des fremden Saamens fällt öfters ins Blaue, ist aber nicht natürlich, sondern entsteht von dem rothen Wein, worin er gebadet worden. Die Verkäufer wollen ihm dadurch ein Ansehen geben, verderben aber oft viel davon, denn wenn viel Saamen gebadet und nicht gut und geschwinde getrocknet wird, so verdumpft leicht

 ein

ein Theil desselben, welches man hiernächst, wenn er wohl ausgetrocknet ist, nicht erkennen kann; wenn man ihn aber ausbrüten läßt, bleibt der vierte Theil oder wohl die Hälfte zurück.

Den Tag vor dem ordentlichen Ausbrüten lassen sich in einem Kasten, worin zwey Loth Graines befindlich sind, etwan ein paar Dutzend Würmer sehen, welche man dadurch sammlet, daß man in jede Ecke des Kästchens ein Maulbeerblatt legt, worauf sie kriechen. Wenn diese Blätter voll Würmer sind oder trocken werden, so legt man die Würmer in einen großen papiernen Kasten und bedeckt sie mit frischen Blättern.

Von jetzt an bedient man sich zum Füttern der Blätter von Hecken oder jungen Bäumen, wenn man solche haben kann und fährt damit die ersten Häutungen durch fort. Wenn man aber mit alten Baumblättern zu füttern angefangen hat, so darf man jene nicht nehmen, weil die Würmer die gelbe und weiße Sucht davon bekommen. Auch muß man sich hüten, von dem Ausschuß, der nahe an der Erde ausschlägt, so wie von Blättern, die nur zwey Fuß hoch wachsen, zu füttern, weil sie sandig und unrein, zu wäßrig und nicht genug von der Luft und der Sonne präparirt sind; wie denn auch selbst die Hecken, die unter der Scheere gehalten werden, nicht mit Nutzen zu brauchen sind, weil sie geile Schöße und wäßriges Laub treiben, so den Würmern schäd-

schädlich sind. Nimmt man aber dergleichen Blätter, so hat man zu erwarten, daß die Würmer bey der ersten Häutung bis auf den vierten, dritten oder auch den halben Theil, statt gehörig zu häuten, anschwellen und die Sucht bekommen. Die Probe ist ganz sicher, wenn man eine Anzahl Würmer besonders legt und sie mit Ausschuß füttert; alsdann wird man schwerlich die Hälfte davon durch die erste Häutung kommen sehen. Besonders hat man es ganz schädlich gefunden, daß man junge Würmer mit klein geschnittenem Laub füttert, in der Absicht, ihnen das Fressen annehmlicher zu machen. Es ist das sicherste Mittel, ihre Erkrankung zu beschleunigen; denn dem Seidenwurm ist alle Nässe schädlich. Auch ist ihm, wenn er auf zerschnittene Blätter gelegt wird, aus welchen durch das Zerschneiden der Saft gepreßt worden, das zerquetschte Blatt nicht mehr lieb, sondern er nährt sich lieber von dem ausgepreßten Safte, der ihm schädlich ist. Noch schädlicher aber ist das Verfahren, junge Würmer zuerst mit Sallat zu füttern. Sie fressen ihn zwar; allein einen erklecklichen Seidenbau gewinnt man damit gewiß nicht, weil von allen ausgekrochenen Würmern, die man mit Sallat füttert, wenige übrig bleiben werden, welche die dritte Häutung überleben.

Man muß also sorgfältig darauf sehen, daß die Würmer keine junge Maulbeerblätter bekommen, wenn sie vorher schon alte Baumblätter genossen haben; daher ist vor allen Dingen nöthig im Ablauben der Bäume die gehörige Ordnung zu beobachten, welche auf den Zustand und das Gedeyen der Würmer, so wie überhaupt auf den ganzen Seidenbau einen sehr wichtigen Einfluß hat. Diese Ordnung besteht hauptsächlich in folgenden Punkten:

Zuvörderst muß man die Maulbeerbäume nicht nach der Reihe wie sie stehen, sondern ohngefähr nach ihrem Alter ablauben und erst bey den Hecken anfangen und diese beschneiden ohne sie abzulauben; man macht nemlich durch jährliches Beschneiden und Ausputzen aus jedem Heckenstamm einen Baumstamm. Hiernächst wählet man die jungen Bäume von der Dicke eines Besenstiels; schneidet, weil man anfangs nur wenig Blätter braucht, die untern Zweige und die in der Mitte der Crone und zu dicht stehen, aus; läßt die Blätter davon in einen neuen Topf pflücken, mit Papier zudecken und im Keller stellen, damit die zarten Blätter nicht welken; das übrige Laub auf dem Baume läßt man sitzen, daß es noch wachsen könne. Wenn man so die jungen Bäume von obiger Stärke herumgekommeu ist, so fängt man wieder von vorne an, schneidet die Cronen noch etwas mehr aus, stutzt die guten Zweige ohngefähr zwey Drittheile auf den vorjährigen Wuchs und formiret die Crone so, daß die Bäume etwa den halben oder dritten Theil Blätter behalten, den Sommer

mer durch wachsen und reif Holz setzen können. Das kahle Ablauben muß man nie zugeben, denn dadurch werden die jungen Bäume im Wachsthum so herunter gesetzt, und verderbet, daß sie niemals recht fortkommen.

Zweytens; wenn man mit Blättern von diesen jungen Bäumen die Seidenwürmer ein oder zwey Häutungen durchgebracht hat, so geht man zu den stärkern Bäumen von Besenstiels- bis Mannsschenkels Dicke; putzt sie am Stamme und wo die Aeste zu tief hangen und wo die Cronen zu dick und verworren sind, nach der oben gegebenen Vorschrift aus, und läßt ebenfalls die andern Blätter unberührt, bis man herum ist, so gewinnen diese ein paar Wochen Zeit recht auszuwachsen und die Bäume können eine verhältnißmäßige Quantität Blätter liefern; alsdann laubet man sie wie gewöhnlich ab; oder, welches das beste ist, wenn man einen Sachkundigen bekommen kann, so schneidet man sie weiter aus, und stutzet die guten Reiser bis auf etliche Augen des jährigen Wuchses. Auf diese Weise behält jeder Baum etwa den halben Theil seiner Blätter, wächset den ganzen Sommer durch, belaubet sich in einigen Wochen, setzt reifes Holz, das dem Winterfrost widersteht, und giebt in den folgenden Jahren desto mehr Laub, welches sich von Jahr zu Jahr vermehret. Dergleichen geschnittene Bäume zeichnen sich beständig durch ihre laubreichen Zweige, schönen Wuchs und gesundes

Holz vor den auf gewöhnliche Art entlaubten Maulbeerbäumen aus.

Drittens folgen nunmehr die alten Bäume, welche die vorigen an Stärke übertreffen; sie werden eben so wie jene behandelt und ist dabey weiter nichts zu erinnern.

Bey dieser Ordnung im Entlauben der Maulbeerbäume und bey den übrigen günstigen Umständen kann man mit Sicherheit gesunde Würmer halten und jene werden ihr Laub zur Seidenzucht nach Verhältniß ihrer Größe von Einem bis sechs Scheffel geben.

Wenn hingegen nach der allgemein beliebten Methode ein Baum nach dem andern kahl gestreift wird, so bekommt man von Bäumen, die einen halben oder Einen Scheffel Laub geben können, in der ersten Woche nur wenige Metzen; in der zweyten und dritten Woche werden Bäume, die zwey Scheffel Laub geben können, nur einen halben oder Einen Scheffel haben; und so gewähren, weñ man zu einer Seidenzucht hundert Bäume hat, die ersten funfzig Stück nicht den halben Nutzen und die übrigen funfzig etwa drey Viertheile des Nutzens, den man von ihnen bey obiger Ordnung in ihrer Behandlung haben muß.

Des Nutzens nicht einmal zu gedenken, den man vom Beschneiden und Ausputzen der Bäume bey solcher Gelegenheit erlanget; das abgeschnittene Holz bezahlet die Arbeiter; das Ablauben geschieht mit weniger Gefahr und geschwinder, und kann von alten Leuten und Kin-

Kindern verrichtet werden, die man sonst nicht brauchen könnte; die Bäume bessern sich von Jahr zu Jahr und geben immer mehr Laub; und endlich wer es einmal versucht hat und einigermaaßen Wirth ist, geht gewiß nicht wieder davon ab, und es wird ihm höchst unangenehm seyn, wenn er anderer dringender Geschäfte wegen, oder weil er keine Sachkundigen zum Beschneiden haben kann, die Bäume auch nur Einmal auf gewöhnliche Art ablauben muß, wodurch sie so sehr abgemattet werden.

Das Beschneiden der Maulbeerbäume ist auch so künstlich und schwer nicht, daß man nicht auch Frauenspersonen darin unterrichten und im Nothfall dazu brauchen könnte. Uebrigens ist das Beschneiden auf alle Fälle besser und gerathener, wenn es nur unter einiger Aufsicht und regelmäßig geschiehet, als wenn der Baum kahl abgelaubt und an vielen Orten beschädigt wird und so in seinem kranken Zustande vierzehn Tage und länger in der besten Treibezeit stehet, ehe er die neuen Knospen setzen und zu treiben anfangen kann; und wenn diese etwa sechs Wochen gewachsen sind, schon durch die kalten Nächte im September am Wachsthum, und gehöriger Reife gestöret werden.

Niemand darf sich wundern hin und wieder so viele todtreisige struppige Maulbeerbäume zu sehen, wenn er nur die kurze Zeit bedenkt, welche dergleichen abgestreifte Maulbeerbeerbäume im Sommer zum Wachsthum übrig haben. Das aber verdient Bewunderung, daß ein ausländischer Baum, der aus einem so warmen Klima herstammt, als Indien hat, hier in unserer Zone bey einer so zweckwidrigen und unnatürlichen Behandlung noch leben könne.

Wenn im Gegentheil die Bäume, wie gesagt, nur ausgeputzt, beschnitten, und vom Laube nicht ganz entblößt werden, so haben sie vom May bis zum Herbst über sechszehn Wochen Zeit zu wachsen und reife Zweige zu setzen. Je nordlicher also das Land liegt und je kälter das Klima ist, desto kürzer ist die Zeit, welche die Maulbeerbäume haben reife Zweige zu setzen und um desto rathsamer, ja nothwendiger ist es zur Erhaltung und Verbesserung solcher Bäume die gewöhnliche Ablaubung aufzuheben und das regelmäßige Beschneiden und Ausputzen der Bäume überall einzuführen.

Wer sich nun darauf einläßt, die Maulbäume gehörig zu beschneiden und zu warten und die gute Wirkung davon sieht, die gewiß nicht ausbleibt, der wird sich auch mit Vergnügen entschließen, Bäume, besonders weñ sie sein Eigenthum sind, des Jahres zweymal zu umgraben, das Land umher zu düngen und zu bearbeiten; und er wird bald und reichlich den Lohn für seine Bemühung erndten, nemlich daß zwanzig Bäume ihm mehr Vortheil bringen werden als er jetzt von sechszig hoffen kann;

kann; daß er bald aus der Verlegenheit komt, mit Mühe und Kosten aus umliegenden Gegenden Blätter zu holen; und endlich ungleich mehr Seide als bisher gewinnen wird.

An dem eigentlichen Tage des Ausbrütens belegt man die Kästchen, worin die Graines liegen, frühe um fünf Uhr mit Blättern, vorzüglich auf den Seiten und in den Winkeln, um das Ueberkriechen der Würmer zu verhüten. Von dieser Zeit an bis Mittag kommen die Würmer gewöhnlich aus; Nachmittags wenige und des Nachts gar keine; wenn die Blätter voll Würmer sind, so nimmt man diese mit einer Stecknadel ab, legt sie in einen andern Kasten, den man von einem Bogen Papier gemacht, und belegt den Saamenkasten wieder mit Blättern, wie vorher. Sind die Graines recht gut, so kommen in den beyden ersten Tagen die meisten aus und bleiben wenige zurück; im entgegengesetzten Falle aber, kriechen sie vier bis fünf Tage nach einander in ziemlich gleicher Anzahl hervor; nimmt die Zahl den fünften oder sechsten Tag ab, so wirft man die übrigen Graines, die ohngefähr den sechsten Theil ausmachen, weg; denn diese Würmer sind zu schwach und taugen zur Seidenzucht nicht. Andere meinen, man müsse die Ausbrütung nicht länger als drey bis vier Tage dauren lassen, weil diejenigen Würmer, welche nach dieser Zeit auskriechen, nicht gut zu erhalten sind. Man muß also nicht vergessen, bey

Aus-

Auslegung der Graines diesen Verlust mit in Rechnung zu bringen.

Uebrigens kann auch niemand wissen, ob er gute oder schlechte Graines ausgelegt habe, es sey denn, daß er sie entweder selbst gewonnen oder von einem glaubwürdigen Manne erhalten, der den Sommer vorher Seide gebauet hat und von dem er nicht hintergangen zu seyn überzeugt ist. Denn nur in diesen beyden Fällen kann man einen vortheilhaften Seidenbau im voraus berechnen; dagegen treibt man denselben nur aufs Gerathewohl, wenn man fremde Graines auslegen muß, die man nicht kennt, und deren Güte man auch nicht nach dem bloßen Ansehen beurtheilen kann. Wer sich also vornimmt, eine gewisse Quantität Seide zu bauen und weiß, wie viel gute Würmer dazu nöthig sind; der muß auch wissen, wieviel Graines er auslegen muß, um die nöthige Anzahl von guten Würmern zu erhalten; allein dieses ist bey fremden Graines durchaus nicht möglich zu bestimmen. So gar unter den selbst gewonnenen Graines muß man hierin eine Auswahl treffen, und sie nicht durchgehends für vollkommen gut halten, sondern nur diejenigen Seideneier als die schönsten und besten nehmen, die den Sommer vorher unmittelbar nach dem Seidenbau und zwar in den ersten vier und zwanzig Stunden der Legezeit von den Schmetterlingen hervorgebracht worden, indem die Erfahrung nach darüber angestellten Versuchen bewiesen,

daß

daß die nach dieser Zeit gelegten Eier nicht so gut sind als jene. Ist man nun überzeugt dergleichen Graines zu haben und man will den Seidenbau so viel möglich mit Sicherheit und dabey vortheilhaft treiben, so ist folgende Methode die beste, die man beym Auslegen der Graines zu beobachten hat. Wenn man z. B. willens ist vier Loth Graines auszubrüten, so nehme man davon das Duplum; vier Loth aber lege man nur aus, um wenn wieder Vermuthen nach dem Ausbrüten das Wetter umschlagen und es wieder so kalt werden sollte, daß die Maulbeerblätter nicht wachsen könnten, andre Graines in Vorrath zu haben, die man alsdann, da es mit den vorigen nicht glücken wollen, mit weit mehr Sicherheit auslegen kann, weil unter dieser Zeit das Laub an den Maulbeerbäumen gewiß wird so groß geworden seyn, daß man es für die Würmer brauchen kann. Gesetzt aber, das Wetter ist gut, scheint auch gut zu bleiben, so kann man die acht Loth Graines, weil man sie doch nun einmal hat, zusammen auslegen und ausbrüten. Von dergleichen recht guten Graines kommen, wie gesagt, in den ersten beyden Tagen des Ausbrütens die mehresten Würmer aus, welche für den Seidenbau bestimmt sind, diejenigen aber, die den Tag vorher ausgekrochen sind, wirft man weg; so auch alle, die am dritten Tage auskommen nebst den noch vorhandenen Graines, weil davon doch nicht viel gutes zu hoffen ist; die weggeworfenen kön-

können ungefähr vier Loth ausmachen und man hat denn doch noch vier Loth ausgebrütete Graines, wovon man sicher glauben kann, daß es gute und dauerhafte Würmer sind, die sich durchgehends ziemlich gleich halten werden, bey ihrer Wartung weit weniger Mühe kosten und gewiß einen eben so guten, wo nicht bessern Seidenbau hoffen lassen, als wenn man die am dritten und vierten Tage ausgebrüteten Würmer behalten und unnöthiger weise Mühe und Futter auf sie verwendet hätte, weil sie doch die Vortheile des Seidenbaues ihrer schwachen Natur wegen nicht würden vergrößert haben.

Die abgenommenen Würmer nun füttert man in der Art, daß man sie mit frischen Blättern belegt, und zwar den ersten Tag fünfmal, die beyden folgenden Tage viermal; hernach und bis zur Häutung dreymal. Die Kästchen legt man nur bis auf den dritten Theil voll Würmer, die in sechs bis sieben Tagen bis zur Häutung so groß werden, daß sie den Kasten ganz ausfüllen. Dabey muß man die durchaus nöthige Vorsicht gebrauchen, die kleinen Würmerchen gleich in den ersten Tagen nicht zu dick, auch nicht zu dünne liegen zu lassen; im ersten Fall hindern sie sich, wenn sie mit Blättern belegt werden, am Fressen; im letztern werden die Blätter nicht genug durchlöchert und angefressen, daß die Würmer durchkommen können, um auf die frisch gestreuten Blätter zu kriechen; sie bleiben also

zu-

zurück, ermatten und sterben unter den Blättern, ohne daß mans gewahr wird. Für denjenigen, der hierauf nicht achtet, ist es daher unerklärbar, wenn er aus zwey Loth Graines nur drey Pfund Seide gewinnet, da er sich doch überzeugt hält, daß alle Graines ausgekommen sind.

Die beste Lage der Würmer also ist, wenn sie wie die Buchstaben einer gedruckten Schrift so ziemlich nahe beysammen liegen, nur daß sie sich nicht berühren, noch weniger auf einander liegen. Bey jeder Fütterung muß man einen oder zwey Strohhalme, auch wohl wo es nöthig ist, einen Fingerbreit überfüttern, denn so viel ungefähr wachsen die Würmer von einer Fütterung zur andern; wenn aber die Zeit des Häutens da ist, dann stehen sie wieder im Wachsthum stille und man muß nicht ausfüttern.

Die Kästchen, worin die Würmer liegen, bezeichnet man mit Nummern, nach der Ordnung der Tage, wo dieselben ausgekommen sind; nemlich die mit den am ersten Tage ausgebrüteten Würmern angefüllten Schachteln bekommen die Nummer I. 1, I. 2, I. 3 ꝛc. je nachdem man viele Kästchen mit dergleichen Würmern hat; die den zweyten Tag ausgekommenen II. 1, II. 2, II. 3 ꝛc. die vom dritten Tage III. 1, III. 2, u. s. w. Dieses muß man unumgänglich beobachten, weil es die einzige Methode ist, die Würmer, welche gleich alt sind, auch fast zu gleicher Zeit häu-

 ten

ten, beysammen zu haben und in der Folge das Sortiren zu erleichtern.

Auf die Beschaffenheit des Futters muß man auch mit vorzüglicher Sorgfalt sehen; sind die Blätter trocken, so fressen die Würmer sie nicht; schwitzen sie, so sind sie ihnen schädlich; daher muß man sie, so lange man nur wenig Futter braucht, in großen Töpfen locker gelegt und mit Papier zugedeckt, im Keller verwahren, auch nicht mehr davon vorräthig halten, als den folgenden Tag verfüttert wird. Das Laub muß ganz bleiben, wenn es gepflückt wird, denn die Blätter, welche zerrissen oder verletzt sind, verlieren ihren Milchsaft, werden bitter und machen die Würmer krank, unkräftig, u. s. w. Auch muß man ihnen nicht Blätter reichen, die an demselben Tage gepflückt sind, denn das ganz frische Laub hält zu viel Feuchtigkeit. Wenn es regnet, muß man nicht pflücken, noch weniger, wenn die Blätter feucht vom Thau sind. Bey anhaltendem Regen leidet dieses zwar eine Ausnahme und man muß aus Noth pflücken; dann aber muß man die Blätter wohl trocknen, indem man sie zwischen zwey reinen leinenen Laken schüttelt und in Zugluft legt. Diese Prozedur in Trocknung der Blätter ist indessen doch nicht zu billigen, wenn sie gleich an mehrern Orten gewöhnlich ist; denn die Nässe von dem Laube zieht zwar einigermaaßen in die Tücher, die meisten Blätter aber kleben zusammen und trocknen dann um

so

so weniger, werden auch außerdem sehr gequetscht und sind alsdann den Würmern nicht mehr so angenehm. Kann man hingegen das Laub auf ausgespannte Netze legen, die Luft durchziehen und es fleißig umkehren lassen, so wird die Absicht am besten erreicht. Im Nothfall kann man sich aber auch dadurch helfen, daß man, wenn es geregnet und ein wenig aufgehört hat, einige Bäume zu wiederholten Mahlen mit allen Aesten stark schüttelt, dadurch fallen die an den Blättern hängenden Regentropfen ab und das Laub wird alsdann in einer halben Stunde trocken. Hiernächst kann man, wenn es den Anschein hat, daß es bald wieder regnen wird, einige starke Aeste von jedem Baum, wo sie zu dichte sitzen und der Baum sie missen kann, wegschneiden und in einem Hause oder in einer Hütte, wo sie trocken bleiben können, abpflücken lassen. In einer Viertelstunde kann ein Mann so viel schneiden, daß vier Personen in ein paar Stunden genug zu pflücken haben; doch muß er auch nicht zu viel Vorrath schneiden, weil die Blätter, wenn sie zu lange ungepflückt an den Zweigen bleiben, von denselben ausgesogen werden und weit eher verwelken, als wenn sie gepflückt sind; mithin ist die Methode die Zweige zum Trocknen auf Bindfaden zu hängen unzweckmäßig und ganz zu widerrathen. Die gepflückten Blätter, wenn sie an einem kühlen Orte gehörig auf einander liegen, bleiben beynahe drey Tage frisch und gut.

Manche lassen die Blätter in großer Menge pflücken, und breiten sie auf Fußböden und in Kellern oder feuchten Zimmern auf Leinwand; dieses ist aber auf keine Weise rathsam, weil die Blätter leicht zu viel feuchte und kalte Luft an sich ziehen, und gewöhnlich der Unreinlichkeit ausgesetzt sind. Besser ist es hingegen, der Boden mag nun mit Platten belegt oder bloß von Erde seyn, wenn man, so weit der Raum und die Umstände es zulassen, ungefähr drey Viertelellen vom Boden mit Brettern eine Art von Tafel zieht, so daß man umhergehen und die Blätter von allen Seiten wenden kann. Auf diese Art bleiben sie reinlich, ziehen die feuchte und kalte Luft nicht so sehr an sich, erhalten sich dabey dennoch frisch und überschlagen sehr leicht, wenn sie ins warme Zimmer gebracht werden.

Je wärmer die Würmer gehalten werden, desto mehr fressen sie und je mehr sie fressen, desto geschwinder wachsen sie und häuten auch um so eher, so daß sie bey fünfmaliger täglicher Fütterung und bey der Wärme eines schwülen Sommertages die Häutung am vierten oder fünften Tage erleiden und den vier oder fünf und zwanzigsten Tag spinnen. Bey zu geringer Wärme hingegen häuten sie erst am sechsten, siebenten, achten oder neunten Tage und bringen vierzig bis funfzig Tage zu, bevor sie spinnen. Da indessen eine große Hitze nicht nur den Wärtern beschwerlich, sondern auch selbst für die Würmer gefährlich ist,

be-

besonders wenn die Blätter nicht vorzüglich gut sind, so geht man sicherer, sie nicht so sehr zu treiben, sondern ihnen die mittlere Wärme und mäßiges Futter zu geben, wie solches unten bey einer jeden Häutung besonders näher bestimmt wird; dann werden sie den fünften oder sechsten Tag anfangen zum ersten Mahle zu häuten.

Zur Bestimmung der nöthigen Wärme zum Ausbrüten und schnellen Wachsthum der Würmer bedient man sich eines Thermometers, das in der Mitte des Zimmers fünf bis sechs Fuß hoch hängt, und wenn es daselbst den achtzehnten Grad der Reaumürschen Abtheilung zeigt, so hat die Stube die gehörige Wärme, die der eines schönen Sommertages gleich ist. Bey einer solchen Wärme des Zimmers wird zwar das Thermometer, wenn es von seinem Orte weg und in die Höhe oder nahe an den Ofen gebracht wird, zwanzig und einige Grade zeigen und in den abgelegenen Winkeln vom Ofen entfernt, etwa auf dem sechszehnten Grad stehen; darauf kommt es aber so genau nicht an, wenn die Witterung nur nicht so heiß wird, daß es bis sechs und zwanzig Grad steigt. Man hat zwar sonst geglaubt, daß, wenn man gleich bey einer solchen Hitze das Zimmer nicht kühler machen könnte, man doch weiter keinen Nachtheil davon zu befürchten habe, als daß die Würmer zu schnell wachsen, und nicht so groß als gewöhnlich werden. Allein es ist unstreitig, daß ein so hoher Grad der Hitze den Würmern äußerst gefährlich ist, so daß der Seidenbau bloß aus dieser Ursache öfters mißlingt, ohne daß es Unerfahrne sich begreiflich machen können, sondern das Mißrathen in andern Ursachen finden wollen. Die Hitze läßt sich indessen allerdings in etwas mäßigen; man öffne am Tage die Fenster auf der der Sonne entgegengesetzten Seite des Zimmers, setze des Nachts Luftfenster hinein und lasse die Thüren offen; am Tage reinige man das Zimmer einigemale und besprenge den Fußboden öfters mit frischem kalten Wasser; den Würmern gebe man mehr und zugleich gutes Futter. Im entgegengesetzten Fall aber muß die Wärme auch nicht so geringe seyn, daß das Thermometer unter den sechszehnten Grad fällt, weil dann die Würmer gar nicht wachsen, wobey man viel Futter und Arbeit einbüßt.

Da die Reinlichkeit eines der vornehmsten Stücke in der Wartung der Seidenwürmer ist, so wird an manchen Orten sehr darin gefehlt, daß die Würmer vor einer jeden Häutung gewöhnlich nur einmal gereiniget werden. Denn es ist offenbar der Natur des Seidenwurms zuwider, mehrere Tage auf einem schmutzigen Lager zu zubringen; es verursacht allerley Krankheiten, besonders wenn der Wurm in diesem Zustande die Häutung vollenden muß. Wenn nun das Thierchen, daß seinen natürlichen Verhältnissen nach auf dem Baum zu leben bestimmt ist, wo es weit reinlicher

licher und gesunder sich befindet, als es bey der größten Sorgfalt in irgend einem Zimmer nicht gehalten werden kann, auf obige Art bey allen seinen Häutungen leiden muß, so ist es gar nicht zu verwundern, wenn während und nach den Häutungen kurz vor der Spinnzeit öfters der größte Theil der Würmer an dieser oder jener Krankheit sterben. Ja man kann sicher behaupten, daß die mehrsten Seidenwürmerzuchten bloß der Unreinlichkeit wegen mißrathen; wer hingegen die Würmer während ihres ganzen Lebens wenigstens zwölf bis sechszehn Mahl reiniget und ihnen beständig ein dünnes trockenes Lager giebt, der kann und wird für seine Mühe große und unausbleibliche Vortheile erndten. Hierbey ist daher folgendes zu beobachten:

Den zweyten oder dritten Tag, nachdem die Würmer ausgebrütet oder wenn sie zwey oder drey Tage alt sind, muß man sie von ihrem schmutzigen Lager wegschaffen und auf reines Papier legen; dieses wird den vierten, fünften oder sechsten Tag kurz vor der Häutung wiederholt; bey welcher Methode die Würmer am leichtesten und glücklichsten abhäuten; im entgegengesetzten Falle aber durchaus an ihrer Gesundheit leiden, wenn sie nemlich auf einem alten, unreinen, brennenden Lager vier und zwanzig Stunden hindurch liegen müssen, ehe sie abhäuten können. Leiden die Würmer nun bey allen ihren Häutungen eine solche Unreinlichkeit, so kann sich ein jeder den daraus entstehenden Schaden schon im voraus berechnen.

Die Reinigung der Würmer selbst geschieht am besten auf folgende Weise: man nimmt ein länglichtes oder quadrirtes Netz, wozu alte Fischernetze gut genug und leicht zu bekommen sind, befestiget solches auf beyden Seiten an Stäbe, um es ausgebreitet mit Bequemlichkeit heben zu können; dieses Netz breitet man dann über die Würmer und legt Maulbeerblätter oben drauf, wodurch die Würmer auf das Netz gelockt werden. Wenn sie nun nach dem ersten oder zweyten Futter alle aufgekrochen sind, so hebt man das Netz an beyden Stäben in die Höhe und bringt es auf ein reines Lager mit Papier belegt. Dieses geht geschwinde und man bringt keine alte Blätter, auch keine todte Würmer auf das reine Lager, weil alles auf dem alten zurück bleibt, welches man sodann wegwirft. Hat man aber keine Netze, so belegt man die Würmer mit frischen Blättern und wenn sie aufgekrochen sind, legt man sie mit diesen Blättern auf das reine Lager; auf die etwa zurückbleibenden wenigen Würmer legt man noch einmal etwas Laub, um sie gleichfalls auf das reine Lager zu den vorhin abgenommenen Würmern zu bringen.

Diese Methode ist zwar etwas umständlicher und mühsamer, kostet auch mehr Laub, als die vorige; allein sie ist doch derjenigen weit vorzuziehen, nach welcher das alte Lager ge-

getheilt und ein Theil mit den Würmern abgenommen, der andere weggeworfen wird, weil auf diese Art vieles von dem alten Lager auf das neue gebracht, mithin die Unreinlichkeit nie gründlich von den Würmern entfernt wird. Die Reinlichkeit ist immer die Hauptsache beym Seidenbau und muß daher von Anfang bis zu Ende mit unermüdeter Sorgfalt beobachtet werden.

Sobald man beym Futter sieht, daß kaum die Hläfte der Würmer aufkriechen, weil die übrigen häuten, so hält man mit dem Füttern ein, und belegt sie an dessen statt, acht oder zehn Stunden darauf mit kleinen Aestchen oder großen Blättern, worauf die Würmer kriechen, welche noch nicht häuten; diese nimmt man in Zeiten ab, damit keine Würmer, die unterdessen gehäutet haben, mit auf kriechen. Die abgenommenen legt man zu den folgenden Würmern, nemlich von I 1 zu II. 1; von I. 3 zu II. 3; von III. 1 zu IV. 1; u. s f. Bey Seidenzuchten, wo man Graines genug ausgebrütet hat, kann man diese abgenommenen Würmer, nachdem man die etwa darunter befindlichen wenigen großmäuligen oder abgehäuteten ausgesondert hat, wegwerfen; denn diese sind nicht gesund, weil sie im Häuten zurückbleiben. Man darf bey vier Loth Graines kaum ein Loth mehr nehmen, so ist dieser Verlust reichlich ersetzt. Wer wenig Graines ausgelegt hat und mit den Würmern sparsam umgehen will, kann die abgenomenen von allen

Tagen sammlen und besonders halten und füttern lassen; dann wird ihn die Erfahrung lehren, daß bey dem beständigen starken Abgange unter diesen Würmern die weniger gesund bleibenden die Arbeit und Kosten nicht lohnen. In der Menge der zugleich abgehäuteten hingegen hat man desto gesundere Würmer und weniger Mühe in deren Wartung.

Das Wegwerfen der Würmer bey jeder Häutung erleichtert den Seidenbau ungemein; man sparet die langwierige Arbeit des Sortirens und die Blätter werden nicht vergeblich verschwendet. Es versteht sich aber hierbey von selbst, daß das Sortiren genau beobachtet und jede Nummer zu rechter Zeit mit Aestchen belegt werden muß; denn wenn dieses zu früh geschieht, da die Würmer noch nicht zahlreich genug häuten, so würden so viel gute und kokonsfähige Würmer mit weggeworfen; belegt man sie aber zu spät, so sind zu viel großmäulige ader abgehäutete darunter, die man herausnehmen muß, weil sie die besten sind, welches viel Zeit wegnimmt und man erspart die Mühe nicht, die man zu ersparen dachte.

Dieses ist der wahre Handgriff und der wesentlichste Vortheil im Seidenbau, und man kann auf diese Art die Würmer in einer solchen Ordnung halten, daß ganze Stellagen voll von derselben Größe sind und zu gleicher Zeit in die Spinnhütten gebracht werden können. Und so kann ein Seidenmeister mit vier

Per-

Personen ganz bequem funfzig Pfund Seide abwarten, welches andern, die viele Jahre gebauet haben und sich für Meister im Seidenbau halten, unbegreiflich ist.

Nach dem Wegwerfen läßt man die Kasten so lange unbelegt, bis sie ziemlich voll von abgehäuteten Würmern sind; dann belegt man sie wieder mit Aesten, die man nach ein paar Stunden abnimmt und davon neue Kasten oder auch wenn man viel Würmer hat, Rähme formiret, und fährt so lange damit fort, bis die alten Kasten ledig sind und nur das Lager bleibt, welches weggeworfen wird.

Die Rähme macht man von dünnen Latten, mit Bindfaden durchzogen, drittehalb Fuß lang und eben so breit, damit man sie beym Füttern und Sortiren leicht vom Gerüste zum Tisch und so wieder zurück bringen könne.

Die vier Häutungen.

Erste Häutung. Die neuen Kasten oder Rähme numerirt man gleichfalls, wie beym Ausbrüten geschah, nemlich so, daß die an einem Tage abgehäuteten Würmer zusammen gebracht werden, wenn sie gleich aus verschiedenen Nummern der alten Kasten kommen; denn man kann die Häutung als eine neue Geburt ansehen. Die Rähme belegt man auch nur bis auf dem dritten Theil voll, weil die Würmer in fünf oder sechs Tagen bis zur Zeit der zweyten Häutung vermöge ihres schnellen

len Wachsthums dieselben völlig wieder ausfüllen.

In dieser Periode nun wird dreymal gefüttert, des Morgens, des Mittags, und des Abends und zwar so, daß man eine Handvoll Blätter nach der andern auf die Würmer streuet und kein Ort wo Würmer sind, unbelegt bleibt, die Blätter auch nicht zwey oder dreyfach liegen. Die Reinigung des Lagers geschieht auf dieselbe Art, wie oben angezeigt worden.

Die zweyte Häutung. Den fünften, sechsten oder siebenten Tag, je nachdem die Würmer kalt oder warm gehalten worden, fangen sie wieder an zu häuten. Mit dem Sortiren macht man es zwar eben so, wie bey der vorigen Häutung; allein da die Würmer jetzt anfangen einen ziemlichen Raum einzunehmen und es mit den Rähmen zu weitläuftig wird, so kann man selbige, so wie sie abhäuten, in die Fächer, welche man mit Papier belegt, bringen; hier legt man sie in länglichte Vierecke nur Einen Fuß breit, und sie wachsen dann gegen die dritte Häutung in fünf oder sechs Tagen ein drittehalb Fuß breites Gerüst ganz aus. Das Reinigen geschieht wie vorhin, einen oder zwey Tage vor der Häutung; weil aber die Flatschen lang und die Blätter besser aufgefressen sind als vorher, so kann man das Lager nicht mehr in Ober- und Unterlagen theilen, sondern man belegt einen reinen Fleck am Ende der Flatsche mit

Pa-

Papier, und legt die Würmer die man von einem eben so großen Fleck genommen, darauf; den von Würmern erledigten Fleck macht man rein, belegt ihn mit trocknem Papier und dieses wiederum mit Würmern von einem andern Fleck, den man hiernächst ebenfalls reiniget und so fortfahrt, bis die Flatsche zu Ende ist. Bey dieser Gelegenheit legt man auch die zu dick liegenden Würmer auseinander, und wo sie zu dünne liegen, mehr zusammen, welches auch oft beym Füttern nöthig ist; denn die Würmer ziehen sich ihrer Natur nach immer ins Dunkle und daher liegen die andern da, wo es hell ist, zu dünne. Hier verliert man die Blätter und dort die Seide, weil die Würmer wegen ihrer Menge da nicht satt werden können und daher in der Folge keine vollkommene Kokons machen.

Die dritte Häutung. Nach dem Grade der Wärme, worin die Würmer gehalten werden, häuten sie den sechsten, siebenten oder achten Tag zum drittenmal und dann werden sie durch das Sortiren wieder in neu nummerirte Flatschen gebracht.

Da die Würmer jetzt schön sehr gewachsen sind und sich immer mehr ausbreiten, ziemlich viel fressen, mithin auch mehr ausdünsten, so muß man mit aller Sorgfalt darauf bedacht seyn, ihnen reine Luft zu verschaffen; denn die Luft, die von der Ausdünstung der Würmer und ihres Lagers angefüllt ist, wird denselben so schädlich, daß sie je nachdem die Luft

mehr

mehr oder weniger verdorben ist, zum Theil oder gar alle umkommen, ohne daß die Wärter davon die Ursache einsehen. Unbeträchtliche Quantitäten von Würmern werden fast durchgehends mit gutem Erfolg gehalten, sobald sie nur Reinlichkeit und hinlänglich Futter haben. Es kann auch jemand viele Jahre hindurch zwey, drey bis vier Pfund Seide mit Vortheil gewonnen haben; sobald er aber den Seidenbau ins Große treiben will, so ist seine Kunst aus und er wird von zwölf Loth Graines oft kaum so viel Seide machen, als er vorhin von zwey Loth gewonnen hatte.

Beym Seidenbau ist es daher nicht genug seine Berechnung mittelst der Regeldetri zu machen; z. B. zu zwey Loth Graines sind so viel Maulbeerbäume, so viel Gerüste, so viel Spinnhütten, so viel Personen zur Wartung nöthig: folglich zu zwölf Loth sechsmal so viel; sondern bey einer großen Menge müssen die Würmer auf eine ganz andere Art gehalten werden, wenn das Unternehmen gelingen soll. Die Würmer aus zwey Loth Graines konnte man bey kalter Witterung warm halten, ohne etwas Nachtheiliges von ihrer Ausdünstung zu befürchten, weil die Anzahl nicht groß war, die Würmer gut fraßen und dichte Kokons spannen; man konnte sie ohne ein regelmäßiges Sortiren aufbringen; man suchte die spinnreifen und klaren Würmer aus und brachte sie in die Hütten. Bey einer großen Menge Würmer aber aus zwölf Loth Graines, würde die-

dieses Aussondern nicht gut angehen; es würden mehr Leute dazu erfordert, die in einem engen Zimmer voll Stellagen nicht Raum haben, und die Kosten würden sich häufen. Hier muß man es so einrichten, daß eine jede Flatsche Würmer zugleich in die Hütten gebracht werden können und dieses geschieht nicht ohne ein ordentliches und genaues Sortiren. Ferner ist hier die Ausdünstung gar zu häufig und schädlich; die Zimmer müssen daher besonders dazu eingerichtet seyn und oben an der Decke hinlängliche Zuglöcher haben, damit die eindringende Luft die Ausdünstungen heraustreibe; oder auch leicht von Brettern gemacht; daß die Ausdünstungen sich durch die vielen Ritzen und andere Oeffnungen verlieren können. Hat man aber keine gehörig gebaute Seidenstuben, sondern nur gewöhnliche Wohnzimmer, so läßt man Thüren und Fenstern Morgens und Abends vor dem Einheitzen eine halbe Stunde offen, daß die Ausdünstung herausziehe, es sey so kalt als es immer wolle; dann wird das Zimmer geheitzt und die Würmer wieder, wenn sie erwärmt sind, zum Fressen gereitzt.

Bey kühler Witterung füttert man die Würmer dünner, überschlägt auch wohl einmal des Tages das Füttern, weil sie fast unbeweglich liegen. Wenn es wieder warm wird, halten sie sich schadlos und fressen desto mehr; und man füttert sie bey solcher Witterung nach der dritten Häutung die beyden ersten

Tage

Tage dreymal und die übrige Zeit bis zur vierten Häutung täglich viermal.

Gegen die vierte Häutung bemerkt man unter den Würmern hin und wieder einige, die sich besonders durch ihre Größe, Farbe und Ansehen, indem sie fast wie Spinnwürmer aussehen, von andern unterscheiden. Diese sind sogenannte dreyhäutige, die man auslesen und besonders legen, dabey täglich viermal füttern muß, weil sie bald spinnen werden. Mit dieser Art Würmer hat man Versuche angestellt und Graines gezogen um bloß dreyhäutige Würmer zu erhalten, allein dieses geschahe nicht, und man bekam nur gewöhnliche Würmer. Daß sie dreyhäutig werden, hat folgende Ursachen: bey der ersten Häutung finden sich eine Anzahl Würmer, die nicht mit dem großen Haufen zugleich häuten, sondern noch ein paar Tage fort fressen; sie werden glänzend und größer als die andern; viele unter ihnen platzen, besonders wenn sie warm gehalten werden und viel Futter bekommen; die übrigen fangen an zu häuten; wenn sie fast bis zum Platzen geschwollen sind. Dieses ist nun die Ursache warum sie größer geworden sind als die andern, welche ordentlich und natürlich gehäutet haben. Durch diese ihre ungewöhnliche oder unnatürliche Größe bleiben sie auch durch alle Häutungen kenntlich; denn sie sind allemal größer, als sie vor und nach der Häutung eigentlich seyn sollten. Dieser Zustand der Würmer ist eine Krank-

heit,

heit, die unter dem Namen der Geschwulst bekannt ist, und scheint daher zu entstehen, wenn die Würmer mehr fressen, als sie zur ihrer Nahrung nöthig haben oder verarbeiten können; sie bekommen zu viel Saft oder nach ihrer Art, zu viel Geblüt, so daß die Gefäße es nicht halten können, sondern sich ausdehnen und platzen. Die erste Ursache der Krankheit scheint indessen doch in den Blättern zu liegen, wenn diese sehr wäßerig sind, wie man solches besonders in den Jahren findet, da das Laub im May erfroren ist und noch einmal hat nachschießen müssen; oder wenn die Bäume stark beschnitten sind; wenn sie einige Jahre hindurch gepflückt worden und nicht geruhet haben, weil die alsdann gewachsenen Reiser unreif geblieben und im Winter abgestorben sind, so daß die Bäume mehrentheils aus dem alten Holze ausgeschlagen haben; oder noch mehr, wenn man mit Laub von stark beschnittenen Hecken füttert; und am allermehrsten, wenn man den Würmern Ausschuß und Blätter giebt die unterwärts am Stamm ausgetrieben sind. Ein Mittel diese Krankheit zu heilen, wenn sie einmal da ist, hat man bisher noch nicht entdeckt; indessen ist doch das sicherste Vorbauungsmittel dagegen, die Würmer nach den Regeln zu füttern, wie sie oben angegeben worden.

In der Zeit zwischen der dritten und vierten Häutung müssen die Würmer zweymal gereiniget werden, nemlich am dritten und fünften Tage nach der dritten Häutung, damit die gestorbenen Würmer durch ihren übeln Geruch den lebendigen nicht schädlich werden. Daß nicht Würmer sterben sollten, ist auf keine Weise zu verhüten; denn die Erfahrung lehret, daß kaum die Hälfte derselben auch bey der sorgfältigsten Wartung spinnreif werden. Es ist gewiß, daß wenn man von zwölf Loth Graines dreyßig Pfund Seide gemacht hat, die Hälfte von den Würmern gestorben sind; denn ob man gleich den sechsten Theil weggeworfen hat, wie solches oben angerathen worden, so hat man doch von den übrigen zehn Loth 150000 bis 200000 Seidenwürmer, je nachdem sie von einer größern oder kleinern Art sind und da 2500 bis 3000 Kokons ein Pfund Seide geben, so ist es offenbar, daß die Hälfte der Würmer gestorben seyn müssen, wenn gleich die Wärter es nicht gewahr geworden sind.

Unter den Würmern entstehen mancherley Krankheiten, deren Entstehungsursachen man nicht durchgehends angeben kann. Einige sterben an der Geschwulst, deren oben erwähnt worden; andere werden trocken und hart, daß man sie zerbrechen kann; andere werden weich und welk, und man kann sie um den Finger wickeln; andere verfaulen bey lebendigem Leibe; andere sterben an der Unverdaulichkeit und haben das Ansehen als wenn sie mit gekäueten Maulbeerblättern ausgestopft wären; andere sterben am Durchlauf; andere an der gelben oder weißen Sucht; andere an der Schwindsucht, diese kommen so mager und abgezehrt aus der vierten Häutung, daß sie sich nicht erholen können. Die leztere Krankheit ist eine der schlimmsten und rafft die mehrsten Würmer weg. Sie soll von dem sogenannten Honigthau entstehen, der, wie einige behaupten wollen, in sehr heissen Tagen um die Mittagszeit auf die Blätter fällt. Diese Meinung ist aber ganz irrig; denn man hat nunmehr nach angestellten Untersuchungen gefunden, daß eine Feuchtigkeit unter dem Namen Honigthau, die eine ganze Strecke von Maulbeerbäumen verunreinigen könnte, besonders wenn diese Bäume frey und nicht in Gesellschaft von Bäumen anderer Art stehen, gar nicht existirt, sondern lediglich von der Blattlaus herrührt, die ihre Unreinigkeiten um sich her spritzt und alles, was ihr in der Nähe ist, besudelt. Der Maulbeerbaum wird, wie bekannt ist, von keinem Insekt berührt; sobald er aber nahe bey einem andern Baum steht, der von der Blattlaus besetzt ist, so wird man auf einigen Blättern des Maulbeerbaums diese Unreinigkeit finden, die man den Honigthau nennt *). Die nähere Untersu-

*) Herr Inspektor Löfler hat die eigentliche Beschaffenheit des Honigthaues genau untersucht und Beobachtungen darüber angestellt und diese nebst seinen nachherigen Erfahrungen haben ihn völlig von der Nichtexistenz desselben auf dem Maulbeerbaum überführt. Wenn man, sagt er,

chung dieser Sache überläßt man den Herren Naturforschern.

Die

zur Zeit der Rosenblüthe einen kleinen Zweig eines Rosenstocks mit etwas Erde in ein Glas setzt und dieses mit einem kleinen Spiegel zudeckt, so wird man in kurzer Zeit denselben mit Honigthau überzogen finden. Auf dem Rosenstock sitzt Mehlthau, oder welches eins ist, die Blattlaus; diese hat an ihrem Körper nach hinten zu zwey kleine Spitzen, die den Fühlhörnern bey andern Insekten ähnlich sind, woraus sie die Feuchtigkeit von sich spritzt. Bekanntlich werden mehrere Obstbäume mit Mehlthau befallen, keinesweges aber der Maulbeerbaum. Wenn also ein Maulbeerbaum, der bekanntlich vom Mehlthau frey ist, nicht in der Nachbarschaft eines davon inficirten Baums steht, so werden dessen Blätter nimmermehr von Honigthau befallen werden. Dieses lehrt die Erfahrung. Herr Löfler hat nemlich einen Fruchtbaum, auf den die Blattlaus sich setzt, unter jungen Maulbeerbäumen stehen; diese werden, so viel ihrer um den Fruchtbaum her stehen und so weit die Peripherie desselben reicht, mit Honigthau befallen und sonst kein anderer in der ganzen Gegend. Dieses ist allemal der Fall gewesen, wenn er einen Obst- oder irgend einen andern Baum, den die Blattlaus liebt, in der Nähe eines Maulbeerbaums gefunden hat. Ein Küster beklagte sich gegen ihn, daß auf dem Kirchhofe seines Orts eine ganze Reihe Maulbeerbäume mit Honigthau befallen wären. Herr Löfler untersuchte den Kirchhof und fand am Ende desselben einen großen Rüsternbaum, und in diesem zugleich den Urheber jenes Unheils; denn da er sich erkundigte, aus welcher Gegend zu der Zeit, da diese Bäume mit Honigthau sollten befallen seyn, der Wind gekommen, und dieser von der Seite her, wo der Rüsternbaum gestanden, über den Kirchhof weggestrichen, so zeigte er dem Küster sogleich

sei-

Die besten Mittel, diese Krankheiten der Seidenwürmer zu verhüten, sind: 1) gute unverdorbene Graines, die gesunde und dauerhafte Würmer geben; 2) Reine Luft, die so wenig als möglich mit Ausdünstungen geschwängert ist; 3) gute und fehlerlose Blätter. Die Blätter selbst führen wirklich auf den Verdacht, daß sie durch zu viele und schädliche Feuchtigkeiten mancherley Krankheiten unter den Würmern verursachen, oder wenigstens dazu beytragen. Es ist daher rathsam und man hat es auch am vortheilhaftesten gefunden, keine andere Blätter zu verfüttern, als welche vorher vier und zwanzig Stunden an einem kühlen und luftigen Orte gelegen haben. Hierbey ist aber auch noch das zu beobachten, daß man die Blätter den Würmern nicht sogleich, wenn sie aus dem Keller kommen, aufstreuet, sondern sie eine kurze Zeit im Zimmer stehen lässet, damit die Würmer sie nicht zu kalt bekommen.

Beym Aufbewahren der Blätter siehet man darauf, daß sie auf einen reinen gedielten Boden ausgeschüttet werden und nicht über zwey Spannen hoch liegen, weil sie in diesem Falle gleich anfangen zu schwitzen und sich erhitzen.

seinen Feind an, der ihn auch noch denselben Tag vom Kirchhofe wegschaffte und nie ist nachher daselbst ein Maulbeerbaum verunreinigt worden. Es ist offenbar, daß der Wind die Unreinigkeiten von Mehlthau, womit die Rüster bedeckt war, nach den Maulbeerbäumen hin getrieben; denn die übrigen Bäume auf dem Kirchhofe waren verschont geblieben.

hitzen. Allemal nach sechs oder acht Stunden wendet man sie mit einer reinen Mistgabel um, sonst werden die oben liegenden welk und die untersten naß. Am besten schüttet man die Blätter auf den Boden so hin, daß man in der Mitte umher gehen und sie mit den Händen weit leichter auflockern und wenden kann als mit einer Heu- oder Mistgabel, wodurch eine Menge Blätter gequetscht und doch nicht gehörig umgewendet werden. Dieses Umwenden ist leicht, geht geschwinde von statten und kann sehr füglich zur Zeit einer jeden Fütterung geschehen.

Jede Häutung der Seidenwürmer währet vier und zwanzig Stunden und diese Zeit ist etwas länger oder kürzer, nach Beschaffenheit der Wärme, worin sie sich befinden. Auf die vierte Häutung aber bringen sie wenigstens zweymal vier und zwanzig Stunden zu. Dieses ist für die Wärter äußerst vortheilhaft; denn es hat bisher viele Mühe gekostet, die Würmer einigermaaßen durch das Sortiren in Ordnung zu halten, weil sie immer ungleich wachsen, und wenn also die Zeit dieser Häutung eben so kurz wäre, als die der vorhergehenden, so wäre die Erhaltung der Ordnung, da die Würmer sich jetzt dergestalt ausgebreitet haben, daß fast alle Fächer voll sind, ganz unmöglich. Durch Anstellung mehrerer Arbeiter würde man es auch nicht zwingen; es würde viel kosten, und außerdem würden die Leute in den ersten Tagen, da sie die Würmer

noch

noch nicht kennen, die Arbeit mehr aufhalten als verkürzen. Bey solchen Umständen würde also niemand eine Quantität von funfzig bis hundert Pfund Seide mit Vortheil zu gewinnen im Stande seyn. Denn wenn die Würmer bey dieser vierten Häutung in Unordnung gerathen, so ist es nachher nicht möglich die spinnrechten Würmer beysammen zu haben; in allen Flatschen werden spinnrechte Würmer seyn, die man der großen Menge wegen nicht wird können auslesen lassen; es wird also ein großer Theil der Seide verzogen und verlohren gehen und viele Kosten vergeblich gemacht seyn. Jetzt aber, da die Häutungszeit noch einmal so lange dauert als sonst, fangen die Spätlinge an zu häuten, bevor die ersten abgehäutet haben. Man hat also weiter nichts zu beobachten, als die Flatsche, wenn sie ziemlich voll von abgehäuteten Würmern ist, mit Aesten zu belegen und nach Verlauf von einer Stunde abzunehmen, so werden alle Würmer, die aufgekrochen sind, bis auf einige wenige, welche abgelesen werden müssen, neu abgehäutete seyn; hiermit fährt man, wie gewöhnlich, so lange fort, bis die Flatsche von Würmern leer ist und das alte Lager weggeworfen werden kann. Die Würmer, die bey den Häutungen, besonders bey der vierten, sich lange auf dem Lager drücken, versprechen nicht viel; sie sind zum Theil schwindsüchtig und man ersparet Mühe und Futter, wenn man sich beym Ablesen derselben nicht lange aufhält, sondern, wenn deren nicht sehr viele da sind, das Lager zusammenwickelt und wegwirft; und dies kann man um so eher, wenn man sich beym Auslegen der Graines auf das Wegwerfen eingerichtet hat.

Wartung der Würmer nach den Häutungen.

Sobald die Würmer ihre Häutungen geendiget haben, so ändert sich das ganze Geschäft. Die Gerüste werden jetzt bis auf das oberste und unterste, woselbst die Spinnhütten gebauet sind, ziemlich mit Würmern angefüllt seyn. Da nun die Würmer von der letzten Häutung an bis zum Spinnen wieder so stark wachsen, daß sie zwey Drittheile des Raums mehr ausfüllen als sie vorhin hatten, so muß man auf mehr Platz bedacht seyn; indessen darf man sich doch auch nicht ängstlich darum bekümmern, weil die Häutungen und mit diesen das beschwerliche Sortiren ein Ende hat und ein jeder Platz gut dazu ist, der nur Schutz gegen Sonne, Wind, Regen und Vieh hat. Hiernächst nimmt man Mulden, belegt eine jede mit zwey Bogen Papier, und auf das Papier legt man die Aestchen mit den vorhin erwähnten unabgehäuteten Würmern und bringet sie auf den Boden, in die Scheune, in ledige Ställe und wo man nur Platz findet; welches besonders für den Landmann bequem ist, dem es an Plätzen gar nicht fehlet,

let, weil er nicht nur eigene Behältnisse von der Art hat, sondern auch, wenn ihm diese zu klein werden, welches aber ein seltener Fall ist, durch seine Nachbarn, indem sie ihm den Gebrauch ihrer Scheunen, Ställe rc. erlauben, hierin hinlänglich unterstützt wird. Alsdann zieht man die Bogen Papier mit den Würmern behutsam von der Mulde ab auf die Erde und leget sie in Flatschen von zwey Fuß breit und so lang, als es sich schicken will. Die Flatschen bekommen fünf Fuß Zwischenraum, weil die Würmer in den acht Tagen, die sie da liegen sollen, sich in ihrem Wachsthum so ausbreiten, daß nur ein schmaler Steig auf die letzten Tage bleibt. Daselbst füttert man sie nun den ersten Tag zweymal; den andern Tag dreymal; und die übrigen fünf oder sechs Tage viermal. Haben sie gut gefressen, so füttert man das folgende Mahl desto stärker und breitet sie, wo sie zu dicht liegen, etwas mehr aus, dann kann man sie noch allezeit satt machen; denn wenn man viele Würmer hat, so ist man nicht im Stande, sie sieben bis acht Mahl zu füttern, wie einige thun; und man erreicht mit weniger Kosten denselben Zweck. Das Füttern und Sortiren der Würmer z. B. aus zwölf Loth Graines beschäftiget vier Personen, nach der vierten Häutung, gute zwey Stunden; das sind täglich acht Futterstunden, wozu noch das Reinmachen, Hüttenbauen, Hüttenbestecken, Würmer in Hütten bringen zu rechnen. Unnöthiger Weise

 mehr

mehr Leute bey den Würmern zu halten, muß man so viel möglich vermeiden; denn je mehr Leute dabey sind, desto weniger kann man sie übersehen und desto eher wird ein Versehen gemacht und Schaden angerichtet. Die Arbeit beym Seidenbau bestehet ohnehin in vielen Kleinigkeiten, die an verschiedenen Orten besorgt werden müssen; daher kann man nicht viel auf einmal übersehen und wo viele Arbeiter sind, wird wenig gethan.

Die Würmer auf den Böden müssen zwar, wenn kalte Witterung einfällt, viel ausstehen; sie liegen alsdann steif und unbeweglich, sind sehr kalt anzufühlen und wachsen langsam; es schadet ihnen aber wenig; hat man nur einige Stunden des Tages Sonnenschein, daß dadurch die Luft ein wenig warm wird, so fressen sie wieder desto mehr und holen das Versäumte bald ein, wornach man sich dann auch im Füttern richten muß. Wenn es auch in einigen Tagen nicht warm wird, welches in dieser Jahreszeit selten geschiehet, so sterben sie doch nicht und der Nachtheil davon besteht darin, daß sie sehr langsam wachsen und dünnere Kokons spinnen. Demungeachtet ist der Vortheil, die Würmer auf diese Art zu halten, sehr groß: denn 1) geht das Füttern auf der Erde viel geschwinder von statten, als wenn die Leute bey den Gerüsten auf und absteigen müssen; 2) ist der Platz leichter zu haben, als wenn man besondere Gemächer dazu bauen oder miethen muß; 3) hat man nicht nöthig die

die Würmer rein zu machen, denn die Erde auf den Böden oder in den Scheunen ist trocken und zieht die Feuchtigkeit des Lagers in sich; die Ausdünstungen verlieren sich sogleich und schaden den Würmern nicht; 4) kann man leichter übersehen, woran es etwa hie oder da fehlet.

Mit den Blättern muß man beym Füttern behutsam umgehen und keine verstreuen, damit die Würmer sich nicht darnach verlaufen und zertreten werden; denn seiner Natur nach geht der Wurm nicht von seinem Lager, es sey denn, daß er krank würde, oder spinnen wollte, oder ein Maulbeerblatt sehr nahe bey ihm läge; in diesen dreyen Fällen verläuft er sich. Wenn also die Würmer auf dem Boden auch so nahe zusammen wachsen, daß zwischen den Flatschen nur ein halber Fuß Zwischenraum ist, so laufen sie doch nicht zusammen, gleichsam als wenn eine große unübersteigliche Kluft zwischen ihnen wäre. Sobald aber nur ein Maulbeerstengel, oder ein paar Blätter, oder ein schmaler Strich Seidenwurmmist dazwischen liegt, so laufen sie darüber wie über eine Brücke zusammen, welches wegen alsdann entstehender Unordnung im Spinnen möglichst zu verhüten ist. Daher kann man die Würmer auch auf den Gerüsten halten, ohne daß man nöthig hätte die Seiten mit Leisten zu befriedigen; nur muß man dahin sehen, daß nirgends ein Blatt über-

überhange, weil sie sonst häufig daran herunter fallen.

Wenn die Würmer acht bis neun Tage, und wenn es sehr kalt gewesen, wohl bis in den eilften Tag an obigen Oertern gehalten worden, so zeigen sich nach und nach klare Spinnwürmer mit Fäden in den Mäulern. Man erkennet sie am besten, wenn man Futter gestreuet hat: denn anstatt daß die andern Würmer begierig auf die Blätter fallen und ihre Eßlust zeigen, so kriechen diese unruhig herum und suchen mit aufwärts gerichteten Köpfen einen Ort, wo sie ihre Fäden anlegen können, und wenn sie diesen nicht finden, so ziehen sie die Seide herum, bis sie kurz werden und sterben, oder sich in Pirpen verwandeln. Man muß deswegen, sobald man einige dergleichen Würmer in den Flatschen findet, selbige eiligst in die Spinnhütten bringen. Sind die Seidenwürmer im Sortiren vernachläßigt worden und also etwas ungleich, so muß man sich damit helfen, einen oder zwey Tage hindurch die klaren Spinnwürmer von jeder Flatsche abzulesen und sie insgesammt nicht eher in die Spinnhütten bringen, als bis sie anfangen überhand zu nehmen und von allen Seiten wegzulaufen.

Uebrigens ist hier wohl zu verstehen, daß der Vorschlag, die Seidenwürmer nach der vierten Häutung auf Böden, in Scheunen und ledige Ställe zu bringen, nur auf den Fall gelte, wenn man sich wegen Ermangelung des

des Plazes auf den Gerüsten nicht zu helfen weiß; denn obgleich diese Oerter an sich viele Bequemlichkeit und Vortheile gewähren, so sind sie doch schwerlich vor Mäusen, Ameisen und kalter Witterung sicher zu stellen, wodurch man freylich einen guten Theil der gehofften Seide verlieren kann, welches man in einem dichten Zimmer nicht befürchten darf.

Vier-

Viertes Kapitel.

Das Spinnen der Würmer. Einsammlung der Kokons ꝛc.

Wenn nun die Würmer zum Spinnen reif sind, so werden sie auf folgende Art in die Hütten gebracht. Man belegt zwey Bogen Papier in einer Mulde mit Würmern, doch nicht so voll, daß sie auf einander liegen und sich drücken; hält die Mulde gegen eine Spinnhütte und zieht das Papier mit den Würmern herein; füttert sie am ersten Tage zur Zeit der allgemeinen Fütterung; den andern und dritten Tag dreymal. Zu Ende des dritten oder höchstens den vierten Tag werden in einer Hütte nicht mehr als etwan ein halbes Dutzend übrig seyn; diese legt man in volle Hütten dicht an die Ruthen, räumet die Hütten aus und reiniget und besteckt sie am folgenden Tage hinter- und seitwärts mit Ruthen, wenn nemlich die aufgestiegenen Würmer sich in ihre Häuslein eingeschlossen haben, sonst würde man sie in ihrer Arbeit stöhren; hierauf schiebt man von neuem ein paar Bogen mit Würmern hinein, weil wieder Platz zum Spinnen und zum Anlegen der Fäden da ist. Wenn diese, wie die vorigen, darin gefüttert worden und aufgestiegen sind, so räumet man die Hütte aus und läßt sie drey bis sechs Tage unberührt stehen,

stehen, weil die letzten Würmer öfters drey bis vier Tage zubringen ehe sie gänzlich mit Spinnen fertig werden, unterdessen man das Zimmer reiniget und öffnet, damit die Kokons gehörig trocken werden, und beym Ausnehmen um so wenigen Schaden leiden; alsdann reißt man die Hütten ein und nimmt die Kokons aus. Diese werden nun sorgfältig ausgesondert; die guten nemlich, die fleckichten, die doppelten, die lockern, die löcherichten, jede dieser Arten besonders gelegt.

Können die Kokons sofort, wenn sie gehörig in ihre besondern Gattungen abgetheilt sind, gehaspelt werden; so thut man wohl daran, denn sonst fressen sich die Würmer durch und verderben die Seide. Da man aber öfters das Abhaspeln nicht so bald als es nöthig ist, vornehmen kann, welches sich auch besonders, wenn man große Quantitäten Kokons hat, nicht immer thun läßt, so muß man zur Erhaltung derselben auf die Tödtung der Würmer dedacht seyn. Zu dieser Absicht bedient man sich verschiedener Mittel.

Einige zupfen die Flockseide von den Kokons ab, setzen sie dann auf Tüchern verbreitet oder in Sieben an die stärkste Sonnenhitze, wendet sie öfters um, wodurch die Würmer ersticken, besonders wenn sie den ganzen Tag von sieben Uhr des Morgens bis gegen fünf Uhr Abends ausgestellt sind; außerdem müssen sie ein paar Tage an der Sonne stehen; man umschlägt sie auch noch wohl zuletzt mit warmen Decken, wodurch sie desto sicherer erstickt werden. Dieses Mittel fällt übrigens von selbst weg, wenn das Wetter kühl ist und man wenig Sonnenschein hat. Ist die Witterung aber günstig, und man kann sich zum Auslegen der Kokons einen Platz wählen, wo die Sonne den ganzen Tag ihre Strahlen hinwirft, so ist dieses Mittel die Würmer zu tödten, das beste unter allen.

Andere tödten die Würmer mittelst des Dunstes von heißem Wasser. Die Kokons werden nemlich in einem Siebe über einen mit kochendem Wasser bis zu acht Zoll angefüllten Kessel gesetzt und alles wohl und genau verdeckt, damit der aufsteigende Wasserdampf in seiner ganzen Kraft durch das Sieb bloß auf die Kokons wirke; in einer halben Stunde sollen die Würmer todt seyn, worauf man die Kokons herausnimmt und an der Luft trocknet; hiernächst das Sieb mit frischen Kokons anfüllet und so lange auf obige Art fortfährt, als man dergleichen hat. Wenn man eine Unze Salz und eine Unze Rübenöl in das kochende Wasser schüttet, so werden die Kokons durch die Ausdünstungen der Salztheile und der schweflichten Theile des Oels besser und die Seide läßt sich leichter abwinden. Dieses Mittel ist aber sehr unbequem und umständlich, weil die durch den Dampf naß gewordenen Kokons hernach schwer zu trocknen sind und leicht schimmlicht werden.

In

In China ist folgendes Mittel, die Schmetterlinge in ihren Gehäusen zu tödten, das gewöhnlichste: Man schüttet die Kokons in große irdene Gefäße. In einem jeden Gefäße streuet man auf zehn Pfund dieser Seideneier vier Unzen Salz und breitet trockene und breite Blätter darüber her. Auf diese bringet man eine andere Lage von eben so viel Pfunden, und wenn es angeht, auch die dritte. Das Gefäß verwahrt man so, daß keine Luft dazu kommen kann. Am siebenten Tage sind die Würmer gewiß erstickt. Könnte aber die Luft nur durch eine kleine Oeffnuug hineindringen, so würden sie lange genug leben und die Schale durchbohren. Denn da sie sehr schleimicht und geschickt sind, daß sie sich mit Luft anfüllen können, so würde auch ein wenig Luft sie beym Leben erhalten.

Hier zu Lande werden die guten Kokons gewöhnlich mit der umher befindlichen Wattseide in Säcken oder Körben in den Backofen geschoben. Es ist nöthig, hier das Verfahren beym Backen der Kokons etwas genau zu beschreiben, weil viele Seidenbauer darin fehlen, daß sie die Kokons stärker als zur Tödtung der Würmer nöthig ist backen, wodurch die Seide spröde und knoticht wird, und mit vieler Mühe in scharf kochendem Wasser gehaspelt werden muß und dennoch zu sehr in Fleuret sich auflöset.

Das Backen der Kokons also geschieht in dreyerley Backöfen: 1) in den Städten in den Backöfen der Bäcker. Diese sind niedrig, mit Gebäuden umgeben und weil täglich darin gebacken wird, so sehr durchgeheitzt, daß die Kokons fast immer etwas spröde darin werden und einigen Schaden leiden; man muß die Kokons daher nicht eher hineinbringen, als einige Stunden nach dem Brodte, wenn die Semmel gebacken sind, sie auch nicht länger im Ofen lassen, als bis das Rauschen der Würmer aufgehört hat, welches kaum eine Stunde dauert. Wenn die Kokons gehörig und nicht über eine Hand hoch im Beutel oder Sack ausgebreitet liegen, dann werden sie nach geschehener Trocknung, den vierten Theil des Gewichts verlohren haben.

Da man indessen dergleichen Backöfen nicht immer in der Nähe, noch weniger aber allemahl zu seinem Gebrauche haben kann, so ist es am besten, sie oben auf dem Ofen auf ein Laken zu schütten und eine Hand hoch auszubreiten. Der Ofen ist gewöhnlich allenthalben so heiß, daß die Würmer in einigen Stunden getödtet werden; und da können die Kokons sechs bis acht Stunden oder eine Nacht durch liegen, um so mehr, da die Bäcker diesen Ort fast gar nicht brauchen. Hier trocknen sie alsdann, wenn sie lange liegen, ofters so aus, daß sie zwar mehr als den vierten Theil ihres Gewichts verlieren; allein sie werden, da die Hitze nur gelinde war, doch nicht spröde und die Seide läßt sich leicht und gut abwinden.

2) Auf

2) Auf dem Lande, in den Bauer-Backöfen. Diese sind zwar, wenn das Brod herauskommt, eben so heiß, als die Bäcker-öfen; indessen sind sie doch höher, stehen an offenen Orten und sind nicht so stark durchgeheitzt, daher kühlen sie eher aus. Man läßt nun, wenn das Brod herausgenommen, die Zuglöcher ein oder zwey Stunden offen, schiebt Horden oder Bretter in den Ofen, breitet ein Laken darüber und die Kokons darauf, damit sie nicht von der Hitze des Bodens unmittelbar berührt werden; nach ein paar Stunden, wenn man nemlich kein Geräusch der Würmer mehr merken kann, nimmt man sie wieder heraus und läßt sie, wie gewöhnlich auf den Stellagen ausgebreitet, trocknen.

3) In besonders dazu geheitzten Oefen. Einen solchen Ofen heitzt man nur mit Sträuchern oder klein gemachtem Holze, weil er keine große Hitze braucht. Wenn das Strauchwerk oder Holz wohl ausgebrannt ist, breitet man die Kohlen auseinander, damit der Ofen allenthalben gleich warm werde; nach einer halben Stunde nimmt man die Kohlen rein heraus und damit kein Funken davon nachbleibe, fegt man mit einem nassen Besem nach, läßt die größte Hitze vorübergehen, welches etwa eine halbe Stunde dauert, breitet alsdann im Ofen ein Laken aus, worauf die Kokons eine Hand hoch gelegt werden und etwa eine halbe Stunde liegen müssen, bis kein Rauschen mehr zu hören ist. Nun nimmt

man die Kokons heraus und läßt sie auf den Gerüsten oder wo man sonst Platz hat, nur daß sie vor Mäusen sicher sind, abkühlen und trocknen; man breitet sie etwan eine Hand hoch aus und sieht darauf, daß sie nicht schimmlicht werden.

Beym Backen der Kokons ist übrigens noch zu bemerken, daß solches auf den Gewölben der Backöfen weit sicherer geschieht, als in den Oefen selbst, welche Methode auch Herr Inspektor Löfler in Berlin beobachtet und selbst keinen Nachtheil in Ansehung der Seide davon befürchtet, sogar auch dann nicht, wenn die Kokons einige Stunden später abgenommen werden, als es hätte geschehen können, weil hier die Hitze nicht brennend, aber doch hinreichend ist die Würmer zu tödten. Die Methode ist auch an sich sehr leicht, weil man die Oberfläche des Ofen nur mit Papier belegen und die Kokons vier bis sechs Zoll hoch, nur allenthalben gleich, darauf legen darf.

Bey einem kleinen Seidenbau ist das Tödten der Würmer in den Kokons selten nothwendig; einige Pfunde Seide können ja in wenig Tagen abgehaspelt werden, ohne die Würmer vorher zu tödten, welches weit vortheilhafter ist und die Seide gar nichts an ihrer Güte verliert.

Hiernächst werden die Kokons gehörig sortirt, wovon man unten bey der Zubereitung der Seide die nähere Anzeige findet. Die doppelpelten nimmt man zur künftigen Saat zurück und ist dieses kein Fehler an denselben, sondern nur Zufall. In einigen Schriften über den Seidenbau wird es zwar widerrathen, doppelte Kokons zur Saat zu nehmen, weil man nur Würmer von derselben Gattung davon bekommen würde; dies hat aber keinen Grund, auch nicht einmal einigen Scheingrund. Denn die doppelten Kokons entstehen, wenn zugleich mehr Würmer in den Hütten aufsteigen, wo die Gelegenheit zum Spinnen nicht geräumig genug ist; oder wenn zwey oder mehrere Würmer sich so nahe an einander gestellt haben, daß keiner Raum genug hat, sein Haus besonders zu machen. Bey solchen Umständen schließen sie sich in ein gemeinschaftliches Haus ein. Wenn man z. B. zwey der besten Spinnwürmer in eine papierne Tüte legt, so werden und können sie nur einen doppelten Kokon machen; und von den aus doppelten Kokons gewonnenen Graines werden wir in der Folge, wenn man Hütten genug für sie einrichtet, nicht mehrere doppelte Kokons, als von andern Würmern erhalten.

Die zur Saat bestimmten doppelten Kokons schneidet man auf der dünnsten und weichsten Stelle, welches gewöhnlich die oberste ist, mit einem scharfen Messer ein, um den Schmetterlingen den Ausgang zu erleichtern. Hat man die oberste Seite nicht als die rechte getroffen, so schneidet man auf der andern Seite auch ein, oder man kehret die Puppen um,

 daß

daß sie mit dem Kopf oben kommen; denn sonst würden sie, da sie sich in ihrem engen Behältnisse nicht umwenden können, dennoch, wenn gleich dasselbe eingeschnitten ist, darin sterben müssen. Will man aber keine Graines ziehen, so muß man diese Kokons besonders haspeln, denn sie geben eine ungleiche knotige Seide, die öfters kaum halb so viel werth ist als die gute.

Zu jedem Loth Graines, die man haben will, nimmt man ein halbes Pfund Kokons ohne Ausnahme, sie mögen gut, doppelt oder angefleckt seyn. Um eine etwanige Gleichheit in der Anzahl von Hahnen und Weibchen zu treffen, nimmt man zu einem halben Pfunde kleiner, spitziger Kokons ein ganzes Pfund große und runde. In den spitzigen sollen die Hähne und in den runden die Weibchen seyn; es trift aber nicht allemal ein, daher kann man auch kein genaues Verhältniß hierin angeben. Denn nachdem die Würmer gut oder schlecht gerathen sind, giebt es auch mehr oder weniger Weibchen. Hier ist das Verhältniß für diejenigen Würmer angenommen, welche nur mittelmäßig gut gerathen sind; nemlich, da von den ausgelegten Kokons noch nicht die Hälfte gestorben sind und wenn man aus zwölf Loth Graines dreyßig Pfund Seide macht.

Drey Wochen nach der Spinnzeit, etwas früher oder später, nachdem die Witterung warm oder kühl ist, kommen die Seidenwürmer aus den Kokons in der Gestalt eines

Schmet-

Schmetterlings, des Morgens zwischen fünf und acht Uhr, hervor; paaren sich, legen Eier für den künftigen Seidenbau und sterben ohne in diesem Stande einiger Nahrung bedurft zu haben. Die Hähne sind gewöhnlich klein, haben eine gelblichte Farbe und brausen mit den Flügeln. Die Weibchen sind größer und träge, haben einen dicken Unterleib voll Graines und der Eierstock ist deutlich daran zu sehen. Alle Schmetterlinge, die sich des Morgens um acht Uhr noch nicht gepaart haben, setzt man zusammen auf Papier; die alsdann sich paarenden setzt man abgesondert von den andern auf einen oder mehrere Bogen Papier, um diejenigen zu kennen, welche ungepaart geblieben sind. Gegen zwey Uhr Nachmittags nimmt man sie von einander, setzt die Weibchen auf Lappen von alten abgetragenen glatten wollenen Zeugen und wirft die Hähne weg. Wenn man aber mehr Weibchen als Hähne hat, so muß man freilich diese nicht alle wegwerfen, sondern die muntersten für den folgenden Tag zu Hülfe nehmen. Wenn die Weibchen drey bis vierhundert Eier gelegt haben, sterben sie. Hierbey ist zu merken, daß unter den Eiern diejenigen, welche das Weibchen in den ersten vier und zwanzig Stunden gelegt hat, die besten sind, welches die Erfahrung gelehret hat; und daß es daher rathsam sey, diese Eier nicht mit andern vermischen zu lassen, sondern selbige wegzunehmen und das Weibchen auf einen andern Lappen zu bringen, wo es denn mehrere Eier legen wird, die aber gewiß nicht so gut sind, wie solches bereits oben beym Ausbrüten der Seideneier angezeigt worden. Die Eier sind anfänglich gelb, hernach werden sie grau; die nicht behahnt sind, bleiben gelb. Wenn die Eier grau geworden, kratzt man sie gelinde vom Lappen ab und verwahret sie in Papier auf einer Hang Stellage, wo sie vor Ungeziefer sicher sind, setzt sie in eine Kammer, die gegen Norden liegt und nicht geheitzt wird. Ist die Kammer bey zu großer Hitze nicht kühle genug, so setzt man sie in einen Keller und wenn dieser feucht ist, so muß man sie nach einigen Tagen wieder herausnehmen, damit der Saame nicht dumpficht oder schimmlicht werde und verderbe. Ueberhaupt muß man die Graines zu erhalten sorgfältig bedacht seyn. Die man selbst geerndtet hat, sind immer die besten; bey fremden bleibt man ungewiß, ob etwas davon zu hoffen sey oder nicht; und ohne gute Seidengraines kann und wird kein Seidenbau wohl gelingen.

Fünftes Kapitel.

Die wilde Seidenwurmzucht.

Bevor wir von der Kokonerndte und der Gewinnung der Seideneier auf die Zubereitung der Seide übergehen, ist es nöthig, auch etwas von der wilden Zucht der Seidenwürmer zu sagen, welches dienen kann diejenigen zu beschämen, die aus Vorurtheil wider den Seidenbau eingenommen sind und behaupten wollen, daß das Unternehmen desselben in unserm kalten Klima eine mißliche Sache sey; zugleich aber ihnen zu zeigen, daß es sehr gut angehe, auch bey uns von dem Seidenwurm, wenn man ihn in seinen natürlichen Zustand versetzt, Seide zu gewinnen.

Die wilde Zucht der Seidenwürmer, so wie sie in China getrieben wird und wovon oben bey der Naturgeschichte des Seidenwurms etwas gemeldet worden, gehet zwar bey uns auf die beschriebene Art nicht an. Die Unbeständigkeit der Witterung; die kleine Anzahl der Würmer in Ansehung der Vögel; die dann und wann auch im Frühjahre einfallenden kalten Nächte und viele andere Umstände würden solches verhindern, wenn wir auch wilde Maulbeerbüsche und Hecken, welche überhaupt zu dieser Zucht, besonders im Großen, wegen des mühsamen Blätterpflückens bequemer als die hochstämmigen wilden Maulbeerbäume sind, in grosser Menge hätten, und allenfalls die Büsche vor den dem Wurm nachstellenden Vögeln mit Netzen überziehen wollten. Ja man muß auch zugeben, daß bey einer großen Zucht, wofern nicht besonders etwas kostbare Anstalten dazu gemacht würden, diese Art, welche im Kleinen versucht worden, und die sogleich beschrieben werden soll, nicht anzubringen sey, sondern nur im Kleinen gebraucht werden könne. Die Erwägung jetztgedachter wilden und natürlichen Zucht dieser Raupe hat indessen doch Gelegenheit gegeben, folgenden Versuch zu machen.

Man ließ anfänglich etliche aus Saamen gezeugte, nur junge, und einen Schuh hohe und wilde Maulbeerbüsche mit ihrer Erde ausheben, und in irdene Blumentöpfe pflanzen, solche in diesem Jahre verwahren und in Keller setzen, damit ihnen der Frost im Winter nicht schaden möchte. Denn der Frost pflegt, wenn er strenge ist, in den ersten drey Jahren die aus Saamen gezeugten Maulbeerbäumchen oberhalb an ihren Spitzen etwas anzugreifen und daher zu verursachen, daß sie bey uns etwas spät ausschlagen. Mit dem Frühjahre nun setzte man sie bey schönem Wetter den Tag über heraus, oder in ein luftiges Zimmer. Als die Blätter hervorbrachen, wurde Seidenwurmsaamen wie gewöhnlich zur Brut gebracht, die auskriechenden schwarzen Räupchen wurden, indem man Blätter

über

über die Schachtel legte, als wornach sie sofort kriechen, gesammlet, auf Papier gelegt und das Papier anf einen im Blumentopf stehenden Maulbeerbusch mitten hinein geschoben. Die Würmerchen krochen sogleich an den Busch und zertheilten sich darauf. Und da man nicht zuviel Würmer zu einem mäßigen Busch nahm, so reichte selbiger, bis daß sie sich einspinnen wollten, vollkommen aus. Wo er aber noch eher kahl gefressen wurde, da setzte man noch ein anderes Büschchen daneben. Dieses geschahe auf einer Stellage von Brettern, in einem trocknen und hellen Zimmer, worin man mäßige Sonne und frische Luft nach Belieben lassen, solches aber auch, wenn es nöthig war, vor Regen, Wind und zu großer Sonnenhitze verwahren, und welches man von Spinnen, Mäusen und Unflat säubern konnte. Auf diesen Büschen nährten sich die Würmer von selbst, verwandelten sich nach und nach, und endlich suchten sie sich bequeme Oerter zwischen den Aestchen und Blättern aus, spannen sich ein und machten ihre Kokons. Einige nahm man herunter und tödtete den Wurm in seinem Behältnisse, damit er das Seidenknäulchen nicht durchfressen und herauskriechen möchte, nachdem man vorher die Flock- oder Floretseide abgerupft hatte, fand auch zuletzt eine ungleich schönere und weit mehr Seide an jedem Kokon, als an denen, welche man auf die gemeine und zahme Weise nach italienischer Methode be-

bekommt. Von den übrigen Kokons ließ man etliche länglichte und kleinere nebst dickern und größern auf den Büschchen sitzen. Daselbst bissen sich endlich in gewöhnlicher Zeit die in weiße Schmetterlinge verwandelten Würmerchen durch; weil sie aber das Licht nicht sogleich, wenn sie aus ihren dunkeln Behältnissen hervoekommen wollten, vertragen können, so krochen sie des Nachts gegen Morgen, wie auch sonst geschieht, heraus, saßen an den Aestchen des Busches, paarten sich, und klebten ihre Eierchen an die Aeste und die Stämme des Busches, worauf sie sturben, und den Hühnern als ein sehr schönes, nahrhaftes und wohlschmeckendes Futter gegeben wurden. Denn dieses kann man auch mit den abgewundenen und aus ihrer innern Haut entwickelten, wegen der Seide aber im Kokon getödteten Würmern thun. Die so mit Seideneierchen besetzten Büsche setzte man darauf in die Kühle, verwahrte sie im Keller gegen die Kälte, nahm sich aber sehr in Acht, nicht daran zu stoßen, oder zu schütteln, oder die besetzten Aestchen zu biegen, und verwahrte sie so viel wie möglich vor Staub und Ungeziefer. Im folgenden Frühjahr setzte man sie heraus, als sie anfingen auszuschlagen, in die heiße Sonne, da dann der daran klebende Saamen gar bald nach und nach auf den Büschchen lebendig wurde. Man ließ um nicht alles auf den Büschen zu lassen, einige junge Brut durch abgerissene Maulbeerblätter sammlen und solche auf andere dergleichen Büsche von wilden Maulbeerbäumen vertheilen, da sie dann eben so wie im vorigen Jahre ihrer Natur gemäß sich fütterten, verwandelten, einspannen, ihre Kokons machten, und Eier hervorbrachten.

Man sieht also hieraus, daß dieß eine sehr angenehme Sache im Kleinen sey, daß man keine Mühe mit Füttern, Reinigen und allerhand anderer Arbeit habe, keine Spinnhütten machen, und sich wegen ihrer Brut auch nicht sonderlich bekümmern dürfe. Denn das Thierchen thut in diesen seinen so viel möglich natürlichen Umständen alles seiner Natur gemäß zu rechter Zeit und in seiner Maaße selbst.

Vielleicht würde also eine einzelne Bauerfamilie, die etwa zehn Pfund Seide alle Jahre macht und dazu drey Personen etwa zehn Wochen hindurch braucht, sich dieser Art der natürlichen Zucht bedienen können. Für die zu dieser Quantität Seide erforderlichen Würmer würde man über zwanzig große achtjährige Büsche nicht brauchen.

Allein wenn man es im Großen versuchen wollte, so müßte man eine sehr große Menge solcher Maulbeerbüsche ziehen, für selbige lange Gebäude gleich den Orangeriehäusern aufführen. Auch müßte man für große Behältnisse sorgen, um darin die jungen Bäume, die noch nicht drey Jahr alt sind, zu verwahren. Dieses würde freilich viele und große

Kosten

Kosten erfordern; allein wenn man bedenkt, was die gewöhnliche gemeine Zucht im Großen kostet, z. B. das Blätterpflücken, das Füttern, die Reinigung, u. s. f. wozu Leute gehalten und gelohnet werden müssen, welches alles bey der wilden Zucht wegfällt; so würde, wenigstens in der Folge, sich beydes so ziemlich gegen einander heben. Außerdem hätte man auch bey dieser Zucht den großen Vortheil, daß man unter den Würmern, da sie ihrer Natur gemäß in Freiheit leben, keine Krankheiten befürchten dürfte. Wenn nun obige Häuser vollends zugleich als Treibhäuser eingerichtet würden, so würde man im Frühjahre früher als gewöhnlich, Laub gewinnen, mithin den Seidenbau eher anfangen, auch die ganze Seidenerndte eher und zwar alsdann schon beendigen können, wenn die Getreide-erndte angeht.

Uebrigens geschieht die mehrste Arbeit bey der wilden Seidenwurmzucht von Kindern und jungen Leuten von zehn bis sechszehn Jahren, und eine Person kann sehr füglich acht bis zehntausend Würmer warten, wenn sie bey den Geschäften einige Fertigkeit erlangt hat; auch wird dabey in der übrigen Landwirthschaft nichts versäumet.

Da dieses indessen nur ein Plan ist, der freilich weiter ausgeführt werden muß; so beweiset er doch hinlänglich, daß es möglich sey, den Seidenbau in dieser Art zu treiben und vielleicht entschließt sich dieser oder jener begü-

terte

terte Landeseinwohner zu einer solchen Anlage, der sonst wider den Seidenbau eingenommen ist; und es ist gewiß, daß eine solche Anstalt mehr Vergnügen und Nutzen mit sich führet, als die großen Orangeriehäuser, die man an vielen Orten findet.

Sechstes Kapitel.

Zubereitung der Seide.

Bevor die Kokons abgehaspelt werden, wird die Flockseide davon abgesondert. Die ersten theilt man in vier Sorten.

Zur ersten Sorte nimmt man alle Kokons, welche gut und dicht sind; von diesen wird die Seide, je nachdem man viele oder wenige Fäden zusammen nimmt, als Organsin oder Einschlag zu feinen seidenen Zeugen gehaspelt. An Orten, wo die Kokons in großen Quantitäten gehaspelt werden, theilen diejenigen, welche sie haspeln lassen, diese erste Sorte wieder in zwey verschiedene Gattungen; zur ersten wählen sie die festen, dichten und seidenreichen Kokons und haspeln sie fein zu fünf bis acht auf einen Faden, woraus hernach der Organsin oder die Kettseide gedrellt wird; zur zweyten Gattung nehmen sie die dünnen und schwächeren Kokons und haspeln sie zu vierzehn bis zwanzig auf einen Faden für die Trame oder Einschlagseide. Bey dieser Methode zieht man mehr Vortheil von den Kokons, als wenn diese beyden Gattungen durch einander zu Trame gehaspelt werden.

Bey uns hingegen, wo diejenigen, welche die Kokons haspeln, die Seide nicht zugleich wickeln und drellen, wird ihnen die Feinheit der

der Fäden nach Verhältniß der Arbeit und des Holzes, so mehr dazu erfordert wird, nicht bezahlt. Sie thun daher besser, die festen und die schwächeren unter einander zu vierzehn bis zwanzig Kokons stark zu haspeln. Denn wenn die feine Seide zum Organsin nicht mit großem Fleiß und Gleichheit gehaspelt worden, so macht sie mehr Abgang und Gewirre, als die starke; die Fabrikanten fürchten den Abgang und bezahlen daher die Seide nicht so gut als sie es wohl sollten. Ist aber die rohe feine Seide gewickelt und gedrellt worden, so ist kein Abgang mehr zu befürchten und dann wird sie allemahl höher als die starke Seide bezahlt.

Zur zweyten Sorte nimmt man die doppelten Kokons; davon wird eine schlechte Seide zu geringerem Einschlag oder zu Strümpfen gehaspelt.

Zur dritten Sorte gehören die weichen und rauhen Kokons, die der Wurm locker gesponnen hat; bey deren Abhaspelung muß das Wasser weniger heiß gehalten werden, als bey den andern.

Zur vierten Sorte kommen die fleckichten, worin die Würmer an Krankheiten gestorben sind. Diese Sorte haspelt man nicht eher, bis die Kokons an der Luft gut ausgetrocknet sind, weil sie sich sonst an den befleckten Stellen leicht zu Flockseide ziehen, oder im Kessel zu Grunde gehen.

Das Haspeln geschiehet entweder über kleine Rollen, oder über das Kreuz; die letztere Methode ist besser als jene, auch seit einigen Jahren die gebräuchlichste. Der Faden wird runder und glätter, folglich auch besser.

Für dieses Geschäfte nun läßt man einen Kessel in einer Küche unter dem Rauchfang, oder in freyer Luft unter einer bretternen Hütte einmauern; dieser muß wenigstens anderthalb Fuß im Durchschnitt weit seyn, damit die Kokons den gehörigen Raum darin haben. Die Tiefe ist willkührlich; läßt man einen Kessel bloß zu diesem Gebrauch machen, so ist ein halber Fuß dazu hinreichend; denn je flacher er ist, desto geschwinder wirt das Wasser heiß. Man füllt den Kessel etwas über die Hälfte mit Wasser an und hält ein gelindes Feuer darunter. Wenn das Wasser so heiß ist, daß es bald kochen wird, so wirft man so viele Kokons hinein, daß dasselbe auf die Hälfte oder auf zwey Drittheile bedeckt ist, je nachdem die Seide fein oder stark werden soll, taucht sie unter und rühret sie hin und her mit einem kleinen Büschel Ruthen, etwa zehn Zoll lang, woran die Spitzen gleich geschnitten sind; dadurch wird die äußerste Seide der Kokons sich an die Ruthe setzen; hierauf hebt man die Ruthe mit der rechten Hand ungefähr anderthalb Fuß in die Höhe, nimmt mit der linken Hand die Flockseide nebst den daran hangenden Kokons von der Ruthe ab, legt die Ruthe weg, streift die Flockseide von

den

den Kokons ab, so lange, bis viele Fäden rein und klar werden; nimmt hierauf zehn oder funfzehn davon, je nachdem die Seide fein werden soll, zu einem Faden, schläget sie mit eben so viel andern Kokonsfäden übers Kreuz zusammen, befestiget sie an den Haspel, und läßt den Dreher in beständiger Gleichheit umdrehen.

Wenn Fäden abreissen, oder einige Kokons ablaufen, so wirft der Haspeler immer klare Fäden an, die er in Bereitschaft hält, damit die Hauptfäden so viel möglich in gleicher Stärke erhalten werden. Neben sich muß er ein Gefäß mit frischem kalten Wasser haben, damit er die Hände darin abkühlen und so die Hitze des Wassers im Kessel ertragen könne. Die abgelaufenen Kokons mit den Pirpen muß er fleißig herauswerfen, damit nicht viele Knoten auf den Haspel laufen. Wer dieses Geschäft einmal sieht, dem wird es begreiflicher als es die genaueste Beschreibung nicht machen kann.

Je älter die Kokons, oder auch je schärfer sie gebacken sind, desto heißer muß das Wasser seyn. Ziehen sich die Kokons sehr in die Flockseide, so ist das Wasser zu heiß, und man muß es mit frischem Wasser abkühlen; reissen die Kokons oft ab, so ist das Wasser nicht heiß genug, und man muß mehr Holz unterlegen. Wenn man einen halben Tag gehaspelt hat, legt man einen andern Haspel auf und nimmt frisches Wasser; alsdann werden auch die Strehnen von den Knoten gereiniget und zweymal unterbunden, einige Stunden getrocknet und endlich vom Haspel abgenommen und zusammen gedrehet.

Die sonderbare und höchst zweckmäßige Mischung des Leims in der Seide verdient unsere ganze Bewunderung. Dieser Leim ist so zähe, daß er die Fäden auf den Kokons fest zusammen hält, und diese auf dem heißen Wasser schwimmen können; und er giebt genau nur soviel nach, daß sie, wenn sie eine Weile im kochenden Wasser gelegen haben, sich abwickeln lassen. Ohne diesen Leim gingen die Kokons im Wasser unter, und was man dann mit der Ruthe faßte, zöge sich in Fleuret; so wie dieses auch geschiehet, wenn sie zu lange liegen und dann lohnte die Seidenzucht nicht den vierten Theil der Kosten. Von diesem Leim hat die Seide den vierten Theil ihres Gewichts an sich, den sie erst in der Färberey verliert, bis dahin aber doch den ganzen Werth ausgemacht hat; denn wäre dieser Leim nicht gewesen, so hätte kein Kokon gehaspelt, auch keine rohe Seide gewickelt werden können, folglich würde auch keine Seide in der Welt vorhanden seyn.

Man bedient sich auch seit einigen Jahren eines doppelten Kreuzrahms, der am Haspel zwischen den Fadenhaltern und Fadenführern angebracht wird und durch einmaliges Umdrehen zwey Kreuze in der Seide macht, eines in der Nähe der Fadenhalter und das andere

in

in der Nähe der Fadenführer. Dieser Kreuzrahm hat vorzüglich den Vortheil, daß wenn jemand nicht selbst haspeln kann oder will, daher einen Fremden für Lohn haspeln läßt und den Kreuzrahm ansetzt, dieser an demselben so zu sagen einen Zuchtmeister hat, der ihn zwinget die Seide rein und gleich zu haspeln. Denn sobald der Haspeler die Kokons unrein und ungleich laufen läßt, so werden die Fäden von dem Kreuzrahm zersprengt; da ihm dieses unangenehm und verdrießlich ist so giebt er desto genauer Acht darauf, daß die Fäden rein und gleich laufen, mithin macht er eine Seide, die reiner, egaler und trockener auf den Haspel, als auf die gewöhnliche Art, kommt, bey welcher die Glasur in den Strehnen vermindert wird, die bey der feinen Seide zum Organsin eine Haupttugend ist. Noch vortheilhafter aber ist der Haspel mit Räderwerk (à l'engrenage) wovon das Königl. General rc. Direktorium eine ansehnliche Menge in den Provinzen hat machen und unentgeltlich austheilen lassen, weil er vieles zur Verfeinerung der Seide beyträgt.

Was aber am mehrsten zu wünschen wäre und ganz vorzüglich beherziget zu werden verdient, ist dieses, daß sich kein Seidenbauer auf das Backen der Kokons, am wenigsten aber auf das Abhaspeln derselben einlassen, sondern ein jeder seinen kleinen Gewinnst an Kokons, nachdem er sie von der Flockseide gereiniget und gehörig sortirt hat, in eine der nächsten Tirageanstalten, die in den Preussischen Landen in allen Provinzen besonders dazu eingerichtet sind, gegen Bezahlung abliefern möge; wodurch er sich die Arbeit im Seidenbau verkürzet, dem Schaden, der durch das Backen und Haspeln der Kokons leicht entstehen kann, ja im Kleinen unvermeidlich ist, entgehet; gleich baare Bezahlung und mehr bekommt, als er bey fehlerhafter Bearbeitung der Seide zu erhalten sich je versprechen kann. Denn auf ein Pfund Seide werden wenigstens zehn Pfund der besten Kokons erfordert; für ein Pfund dergleichen Kokons werden gewöhnlich zwölf Groschen bezahlt und der Seidenbauer kann mit fünf Thalern für ein Pfund ungehaspelter Seide vollkommen zufrieden seyn, weil er dabey das Haspelgeld spart und die Seide brauchbar bleibt. Es giebt aber auch Kokons, die dem Ansehen, wenigstens dem Gewichte nach für den Verkäufer sehr gut sind, wovon aber auf ein Pfund reiner Seide zwölf bis achtzehn Pfund gehen; wenn der Verkäufer von dergleichen Kokons für das Pfund auch nur acht, neun oder zehn Groschen bekommt, so fährt er doch bey diesen Preisen weit besser, als wenn er die Seide, von ungeübten Leuten in kleinen Quantitäten schlecht gehaspelt, für einen geringen Preis verkaufen muß; zugeschweigen, daß er durch seinen Seidenbau, wenn er die Seide schlecht haspelt, zum gemeinen Besten nichts beyträgt, vielmehr demselben schadet, weil dergleichen

Seide

Seide den Fabriken eben so wenig nütze wird, als die ausländische Seide dadurch entbehrlich gemacht werden kann. Und gesetzt, man könnte und dürfte voraussetzen, daß alle dergleichen kleine Partien Seide gut und untadelhaft gehaspelt würden (welches aber nicht zu erwarten stehet), so wäre es doch nicht möglich, die Fabriken, besonders die größern, damit zu versorgen und im Gange zu erhalten, viel weniger aber die ausländische Seide entbehrlich zu machen, ob es gleich ausgemacht ist, daß die Seide, welche in mehr nordlichen Ländern, als Italien ꝛc. ist, gezogen worden, vor der in südlichen Ländern gewonnenen viele Vorzüge hat, welches besonders Herr Löfler durch die That bewiesen und noch immer auf Verlangen zu beweisen bereit ist; er kann auch seine jährlich gehaspelte Seide jener Vorzüge wegen um einen höhern Preis verkaufen, als die Ausländer, welches für gründliche Kenner, besonders für die berühmten Entrepreneurs in der Pfalz die Herren Rigal nichts neues ist. Denn wenn z. B. ein Fabrikant tausend Pfund Seide braucht, und dazu vierhundert kleine Gewinnste von unserer Landseide, wovon jeder besonders und alle auf verschiedene Art gehaspelt wären, kaufen wollte, so würde er nicht im Stande seyn, auch nur Einhundert Ellen egales und feines Zeug aus dem ganzen Gemische heraus zu ziehen; daher er auch die Landseide nicht anders als verachten kann, und sich übrigens nicht darum bekůmkümmert, ob die schlechte Beschaffenheit der Seide selbst oder die Bearbeitung derselben Schuld daran sey, daß er sie nicht brauchen kann. Und gewöhnlich fällt der Vorwurf der Unbrauchbarkeit unserer Landseide, wiewohl höchst unrecht, auf die Natur unsers Seidenproducts, auf das Klima, u. s. f. da doch der Fehler unserer Landseide offenbar in der einzelnen schlechten Bearbeitung derselben liegt.

Dieser Fehler ist so groß, daß er allein im Stande ist, unsern Landseidenbau niederzudrücken, verächtlich und unnütz zu machen, wenn auch an Seide jährlich eine Million Pfunde gewonnen würden, weil, wie gedacht, die verschiedenen tausendfältigen Sorten von Seide jeden großen Fabrikanten außer Stand setzen, seine Fabrike damit fortsetzen und die ausländische Seide entbehren zu können. Und dennoch ist dieser so große und sichtbare Fehler bey der hiesigen Seidenkultur seit vielen Jahren unbemerkt geblieben und das zum Theil aus der Ursache, weil die kleinen Seidengewinnste von Strumpf- und Bandfabrikanten, die noch eine Anwendung davon machen können, gekauft worden und unser jährlicher Seidengewinn im Ganzen uoch nicht so groß ist, daß er durch jene nicht sollte verbraucht werden können; daher bemerkte es auch nicht ein jeder, daß die Seide vorzüglich wegen der einzelnen schlechten Haspeley so unbrauchbar gemacht werde, weil sie doch gekauft und verarbeitet wurde. Dann aber würde der Fehler

in

in seiner ganzen Größe sichtbar werden, wenn einstens im ganzen Lande zwanzigtausend Pfund und mehr Seide gebauet werden sollte. Zum Theil ist dieser Fehler aber auch deshalb unentdeckt geblieben, weil Leute von den Nationen, die von uns jährlich Millionen für Seide aus dem Lande ziehen, wohlbedächtlich darauf ausgegangen sind, uns in einem Irrthum zu erhalten, der, so lange er beybehalten wird, ihnen ihren beträchtlichen Absatz an Seide in den hiesigen Staaten sichert. Daß dieses mehr als wahrscheinlich sey, erhellet zur Genüge daraus: daß, obgleich die Italiener und Franzosen in ihren Landen in diesen unverzeihlichen Fehler der einzelnen Haspeley nie gefallen sind, sondern von jeher auf große Kokonmagazine und Tiragen gehalten haben, worin die Seide gehörig sortirt und in großen Quantitäten egal gezogen worden, und man in vorigen Zeiten von diesen Leuten viele mit großen Kosten ins Land gezogen, um durch sie den Seidenbau nach ihrer Landesart auch hier in Gang zu bringen; selbige deshalb auch in Königliche Dienste mit beträchtlichen Gehalten angestellt und zum Theil noch hat, dennoch kein einziger von ihnen den größten unter allen Fehler jemahls gerügt oder angezeigt und noch weniger einen Vorschlag zur Verbesserung desselben gethan hat. Und dieses geschah wahrscheinlich nicht sowohl aus Unwissenheit als aus Vorsatz, indem sie sogar das einzelne Haspeln durch unentgeltliche Aus-

 thei-

theilung vieler hundert Haspeln zu befördern gesucht; daher hält es jetzt so schwer, die Leute wieder auf den rechten Weg zu bringen und sie zum Verkauf der Kokons geneigt zu machen, welches im Anfange unstreitig sehr leicht gewesen wäre.

Dieser die ganze Absicht des Seidenbaues vereitelnde Fehler ist selbst dem großen Könige Friedrich II. entgangen, ob er gleich während seiner ganzen Regierung an der Ausbreitung und Vervollkommnung dieser dem Staate eben so nützlichen, als andern Zweigen des Nahrungsstandes wenig hinderlichen Kultur rastlos arbeitete. Nur dem tiefdringenden Blicke des Grafen von Herzberg konnte er nicht unbemerkt bleiben; er entdeckte ihn dem Könige, und der Monarch stiftete sofort einen Fond, woraus geschickte Leute zum Ankauf kleiner Quantitäten Kokons Vorschüsse erhalten konnten, damit in größeren Tiragen die Seide in großen Partien für die Fabriken brauchbarer als bisher geschehen, gezogen und alles Seideverderben im Kleinen abgestellt, den unerfahrnen Seidenbauern aber hierin geholfen werden möchte. Und sein weiser Nachfolger Friedrich Wilhelm II, der den Seidenbau seit dem Antritt seiner Regierung wesentlich unterstützt, vermehrte die Fonds für denselben und übertrug, um seine Landesväterliche Absicht desto sicherer zu erreichen, die Direktion des Seidenbaudepartements diesem einsichtsvollen Minister. Seitdem hat der Graf von Herzberg in in allen Provinzen Kokonmagazine und größere Tiragen einrichten lassen und es läßt sich jetzt mit Grunde hoffen, daß diesem so sehr eingerissenen höchstverderblichen Fehler sowohl als mehreren andern dieser Art nach und nach troz allen Vorurtheilen völlig werde abgeholfen und das Ganze seinem Ziele näher geführet werden.

Zubereitung der Flockseide.

Zur Flockseide rechnet man überhaupt: 1) die lockere auf den Kokons befindliche Seide; 2) die, welche beym Haspeln von den Kokons abgezogen wird um reine Fäden zum Anlegen zu erhalten; 3) die Seide von durchgefressenen, löcherícht gebliebenen und solchen Kokons die sich beym Haspeln nicht haben wollen mit abwinden lassen; und 4) den inwendigen Theil der Kokons, der einem Häutchen gleichet und nicht gehaspelt werden konnte.

Die erste Sorte ist die schlechteste und nicht werth, daß man sie kartätschet. Sie wird, wenn sie getrocknet und gereiniget worden, zum Steppen gebraucht; oder gesponnen und zu groben Strümpfen verarbeitet.

Die zweyte wird geklopft, daß sie weich wird und dann kartäscht. Der Kartätscher macht grobe und feine Seide davon; die feine, wenn sie gut gesponnen ist, kann man zum Nähen brauchen, oder zum Einschlag in verschiedenen Zeugen, oder zu Strümpfen; von

der

der groben werden nur schlechte Strümpfe gemacht.

Die dritte Art wird zusammen in einen Zuber geschüttet, Wasser darauf gegossen, und zusammen gedruckt oder getreten; alsdann läßt man sie so lange stehen, bis man sie mit den Fingern leicht auseinander ziehen kann, welches im Sommer bey warmer Witterung in acht Tagen geschiehet; im Winter aber dauert es wohl fünf bis sechs Wochen. Hierauf muß man sie wohl ausspülen, doch nicht von einander ziehen, und dann trocknen. Wer von dieser Sorte nicht sehr viel hat, kann zu jedem Pfund ein Viertelpfund Seife nehmen und sie damit ein paar Stunden kochen, wodurch sie zum Spinnen weich wird. Nachdem sie getrocknet, schüttet man einige Handvoll in einen groben leinenen Sack, klopft sie eine halbe Viertelstunde, dann kann sie gerieben, gesponnen und zu Strümpfen oder verschiedenen andern Zeugen gebraucht werden. Diese Behandlungsart ist vortheilhafter, als das Kartätschen; denn bey jener gewinnet man außer den Kosten das Kartätschens noch einmal so viel Seide als bey diesem.

Die vierte Gattung, die aus den inwendigen Häutchen der Kokons bestehet, wird alle Abend, wenn das Haspeln geendiget wird, in das heisse Wasser, worin vorher die Kokons gelegen haben, geschüttet und der Kessel gut zugedeckt, damit sich der Leim in den Häutchen völlig auflöse. Am folgenden Morgen

gen kann man die Pirpen mit einem dicken Stock herausschütteln, dann trocknen, schlagen und kartätschen lassen. Man verliert indessen nichts dabey, wenn man sie wegwirft, denn sie sind dieser Behandlung nicht werth.

Sie-

Siebentes Kapitel.

Allgemeine Bemerkungen über den Seidenbau.

Wer auch nur einen Blick auf den Seidenbau in den nordlichen Gegenden Deutschlands wirft, der muß mit Recht erstaunen, wenn er gewahr wird, mit welchem Kaltsinne und Verdrossenheit er im allgemeinen getrieben wird; er muß sich wundern, daß es hier Menschen geben könne, die es so ganz gleichgültig ansehen, daß aus Mangel eigener Waare, Summen ins Ausland geschickt werden, die auf Millionen steigen, um dieselbe zu erhalten; ohne daß in ihnen einmal der Gedanke aufsteigt, daß es nicht nur möglich, sondern auch ganz leicht sey und bloß guter Wille dazu gehöre, sich diese Waare selbst zu schaffen und dadurch die Reichthümer, die an fremde Nationen unverzeihlich verschleudert werden, für ihr eigenes Wohl im Lande zu erhalten. Wir brauchen Seide und haben keine; wir können sie haben und wollen nicht; der Ausländer freuet sich darüber, und kleidet uns für unser schweres Geld in seine leichte Seide; er lacht uns obendrein aus, und wir verdienen es. Dieses können wir verhüten und es kommt hier nur

nur auf eigenen Willen an, der aber allgemein seyn muß.

Gute Beyspiele wirken einen Trieb zur Nachahmung, vorzüglich unter Vorgesetzten und Untergebenen; sind die Beyspiele allgemein, so ist es gewiß auch die Nachahmung. Es ist daher nicht genug, daß Einer oder der Andere unter den Vorstehern im Staate zur Ausbreitung eines Nahrungszweiges, ein gutes Beyspiel giebt und alles, was in seinen Kräften stehet, aufbietet, um einen allgemeinen Wetteifer in Beförderung desselben zu bewirken; selbst dann nicht einmal, wenn ihm auch dieses von der höchsten Gewalt selbst übertragen worden: sondern auch alle Klassen von Vorstehern, sowohl oberen als unteren, ein jeder in seinem Wirkungskreise, müssen mit jenem gleiche Gesinnungen zeigen und ihn mit vereinten Kräften unterstützen, alsdann gehen die Fortschritte zum Ziel schnell und nichts ist da, was diese aufhalten könnte: denn alle Unterthanen folgen dem guten Beyspiel und dem Willen ihres unmittelbaren Vorgesetzten und erfüllen ihn ohne Zwang mit Lust, besonders wenn sie belehret worden und wirklich sehen, daß sie dafür durch beträchtliche Vortheile belohnet werden.

Und eben so verhält es sich mit dem Seidenbau; würde das vorsitzende Cameral- und Finanzkollegium und unter diesem die Vorsteher einzelner Gemeinden, namentlich die Pächter

ter der Domainen *) in jeder Provinz den großen Nutzen desselben nur einigermaaßen beherzigen und mit Ernst zu seiner Verbreitung die Hand bieten, indem ein jeder die Unterthanen, mit welchen er in besondern Verhältnissen steht, durch sein eigenes Beyspiel und sonst aufmunterte, nach den Umständen das Ihrige dazu beyzutragen; dann würde dieser Nahrungszweig, der jetzt schon Knospen hat, bald zum Blühen kommen und zu einem solchen Flor sich ausbreiten, daß fremde Produkte dieser Art von Deutschlands Thoren zurückgewiesen würden und die deutsche Nation würde nur bedauern, daß sie ihren begangenen Fehler sich von Ausländern in Irrthümer leiten zu lassen nicht früher eingesehen.

Es wird gewiß niemand auftreten, der behaupten könne, daß durch den allgemeinen Betrieb des Seidenbaues ein einziger Zweig des

*) Man sehe oben den Vorbericht, woraus erhellet, daß die Domainenpächter eine unverzeihliche Widersetzlichkeit hierin sich zu Schulden kommen lassen, die nie genug gerügt werden kann; um so mehr, da sie sich kontractmäßig dazu verpflichtet haben, ihnen daher bekannt seyn muß, daß selbst der König den Seidenbau empor gebracht wissen will, und bereits mehr dafür gethan als alle seine glorreichen Vorfahren, und dieses bloß zum Besten seiner Unterthanen. Und was könnte ihnen wohl mehr zur Ehre gereichen, als die Landesväterliche Absicht des Königs und den Wunsch seines Ministers des Grafen von Hertzberg, der in Beförderung dieses Gegenstandes gewiß das thätigste Beyspiel giebt, so viel an ihnen ist, in Erfüllung zu bringen?

des Nahrungsstandes anderer Art beeinträchtiget oder im geringsten vermindert und geschwächt werde. Wer dieses zugiebt, der wird auch gestehen, daß der Nutzen desselben dem Nutzen der wichtigsten Fabriken, wohin vorzüglich die Wollenfabriken gehören, nichts nachgiebt. Und daß es möglich sey, nach Verhältniß der Geldsummen so viel Seide, als Wolle im Lande gezogen wird, zu gewinnen, ohne daß die Quantität der letztern sich jemahls vermindern werde, ist leicht zu beweisen. Denn Wolle wird niemahls mehr im Lande gewonnen werden können, als Weide für Schaafe da ist, und hierauf ist die Gewinnung der Wolle eingeschränkt. Weide für Seidenwürmer hingegen, das heißt, Maulbeerbäume kann man in so großer Menge anlegen als man braucht, und brauchen kann man so viel Maulbeerbäume, als Arbeiter an demselben Orte zu haben sind. Denn da hier von einem allgemeinen Seidenbau die Rede ist, so wird vorausgesetzt, daß jeder Ort Maulbeerbäume habe und seine Leute selbst brauche und diese daher nicht von einem Orte zum andern geholt werden können.

Hieraus erhellet, daß Maulbeerbaumplantagen, wen sie für den Seidenbau nützen sollen, so wenig als möglich von unsern Wohnungen entfernt angelegt seyn, auch die Menge der Arbeiter und die Menge der Bäume desselben Orts ein Verhältniß gegen einander haben müssen. Je volkreicher daher ein Land ist, desto mehr Seide wird darin producirt werden können. Zu Arbeitern am Seidenbau sind alte und junge Leute brauchbar, die zu der eigentlichen Landwirthschaft nicht taugen. Dieses vorausgesetzt, läßt sich behaupten, daß es wenige Dörfer giebt, wo nicht sechszig Pfund Seide könnten gezogen werden.

Alle sonst unbrauchbare Plätze bey einem Dorfe, mit Maulbeerbäumen besetzt, geben Leuten, die zur Zeit des Seidenbaues aus der Landwirthschaft entbehrlich sind, Beschäftigung genug; und wenn diese Plätze z. B. an der Landstraßen und Viehtriften, an Wiesen und Morästen, und selbst im Dorfe, wo die Bäume, in einzelnen Reihen gepflanzt, gesundes Laub geben, gewonnen werden, so leidet darunter weder der Ackerbau noch die Viehzucht.

Der Einwand dagegen, daß sich Dörfer finden, wo ganze Morgen Landes mit Maulbeerbäumen bepflanzt worden, ohne daß der angerühmte Nutzen erfolge, wird sofort gehoben, wenn man auch nur obenhin untersucht, ob die Bäume regelmäßig gepflanzt und nicht elende Ruthen statt junger Bäume von gehöriger Stärke eingesetzt, und diese Bäume ordentlich behandelt worden? und dann wird man mehr als eine Ursache des schlechten Fortgangs darin finden.

Das hat freilich etwas mehr Grund, wenn jemand einwendet, daß es Oerter giebt, wo Maulbeerbäume zu sechszig Pfund Seide und drüdruber stehen, die keinen Nutzen bringen, weil sie niemand in Pacht nehmen will oder kann, und eben so wenig sich Leute finden, die sie zur Hälfte annehmen und so viel Seide bauen können, daß dabey die Unkosten und außer diesen noch einiger Vortheil herauskäme; und daß wenn die Besitzer der Bäume Leute dazu in Lohn nehmen, die gehabten Kosten gemeiniglich der Einnahme gleich sind. Dies ist ein kritischer Umstand bey dem Seidenbau, das ist wahr, allein man werfe nur einen Blick auf den Seidenbau in Frankreich; mit diesem hatte es vor Zeiten dieselbe Bewandniß, allein in der Folge kam er mit Hülfe und Vorschub der Regierungen zu einem solchen Flor, daß allein in den drey Provinzen Dauphiné, Languedoc und Provence jährlich 180,000 Pfund Seide gewonnen werden. Man pflanze nach dem Beyspiele Frankreichs immerhin eine unzählbare Menge Maulbeerbäume; mit der Zeit werden die Besitzer schon Miether finden, die sie für den Seidenbau nutzen werden, denn der König läßt von Jahr zu Jahr eine Menge Leute und unter diesen namentlich alle Küster auf dem Lande in verschiedenen Seminarien im Seidenbau unterrichten, die ihre erlangten Kenntnisse alsdann weiter verbreiten, wobey es denn gar nicht fehlen kann, daß nicht auch von Jahr zu Jahr mehrere Anlagen zum Seidenbau gemacht werden sollten; besonders wenn auch der gemeine Landmann darin gehörig unterrichtet seyn wird, der, wenn er nur erst versteht eine Sache gehörig anzugreifen, gemeiniglich auch Lust dazu hat, weil er zugleich auch einsieht, daß er seinen Vortheil dabey findet.

Daß dieses sich so verhalte und das mehrste bey dieser Sache auf Beyspiel und Zurechtweisung ankomme, davon geben die Anlagen Sr. Exzellenz des Königlichen Etatsministers Herrn von Wöllner auf den von Itzenplitzenschen Gütern den redendsten Beweis. Der Minister sahe bey seinem vormahligen Aufenthalte auf besagten Gütern sehr gut ein, daß es wohl möglich sey, die Idee Seide zu bauen, besonders durch Leute bey denen man sich beliebt gemacht hat, auszuführen, selbst da, wenn sogar die Basis des Seidenbaues, der Maulbeerbaum, fehlt. Er ließ allenthalben, wo er nur Platz dazu fand, Maulbeersaamen säen; es kamen eine unzählige Menge Pflanzen hervor, die er zu jungen Bäumen anwachsen ließ, so daß man dorten ganze Heiden von Maulbeerbüschen sieht, ohne das eine Handbreit Landes dazu genommen worden, das zum Ackerbau hätte genutzt werden können. Und nun war der Grund zum Seidenbau gelegt; dieses aber war für ihn nicht genug, er wollte auch Seide haben. Zu dem Ende beredete er alle Bauern, Cossäten rc. in der Gegend umher, daß sie Seide bauen möchten und ließ sich durch den Einwand ihrer Unwissenheit nicht abweisen, sondern erbot sich, sie darin durch seinen Rath und Zurechtweisung kräf-

kräftig zu unterstützen. Die Leute machten einen Versuch und bey der Anleitung die sie hatten, sahen sie ihn gelingen und fanden ihren Vortheil dabey. Im folgenden Jahre wurde der Versuch wiederholet und er gelang ebenfalls und besser noch als der vorige. Sie lernten den Seidenbau und zugleich ihre Vortheile dabey kennen, verfolgten sie und so kam jener in dieser Gegend in Aufnahme. Hiernächst hat der Minister in dem Havelländischen Kreise fast in allen Dörfern sogenannte Gemeinde-Plantagen anlegen lassen und die Bäume dazu, nemlich 100 für jedes Dorf, unentgeltlich von obbesagten Itzenplitzischen Gütern dahin geliefert, und im folgenden Jahre jede Anzahl mit fünf und zwanzig Stück suppliret. Diese Gemeindeplantagen sind so gut gerathen, daß man jetzt Bäume daselbst sieht, die einen Stamm von sieben bis acht Zoll im Durchmesser haben. Daß nun auch in diesen Gegenden Seide gebauet wird und die Bäume dazu gebraucht werden, kann man leicht denken.

Selbst auch die Besitzer der Bäume würden wohl thun, wenn sie auf ihre Kosten Leute im Seidenbau unterrichten ließen, die ihnen nachher die Bäume abmietheten oder um die Hälfte Seide machten. Denn wenn erst einige Leute den Seidenbau gelernt haben, und ihn vortheilhaft für sich finden, so lehren sie ihn alsdann auch ihre Kinder und die, die ihnen dabey helfen müssen. Und bey dieser Verbreitung der Wissenschaft Seide zu bauen wird dann der Eigenthümer seiner gehabten Kosten wegen durch das Verpachten der Bäume nicht nur völlig entschädiget, sondern er hat immerwährende Vortheile davon. Und gesetzt, ein Gutbesitzer hätte eine so große Menge Maulbeerbäume, daß er nie wird hoffen können, sie alle für den Seidenbau zu nützen, so müssen wir ihn auf die oben in dieser Schrift angeführten herrlichen Eigenschaften des Maulbeerbaums zurückführen und er wird sich sogleich erinnern, daß er von seinen Maulbeerbäumen außer dem Seidenbau auf mancherley Weise großen Nutzen ziehen kann. Hier darf man ebenfalls das Beyspiel des Herrn von Geist nicht unberührt lassen, der auf seinem Gut Klein-Beeren ohnweit Berlin Maulbeerbäume zu Tausenden reihenweise in dem Dorfe selbst und umher hat pflanzen und alle Ausgänge desselben mit Alleen von solchen Bäumen, so weit sein Territorium reicht, besetzen lassen.

Die Wissenschaft Seide zu bauen ist übrigens durchaus leicht; ein jeder wird ja können Maulbeerblätter auf Seidenwürmer streuen; so wird er auch können die Würmer reinigen, wobey es denn auch Seide geben wird. Nur Seide mit Vortheil zu machen, dazu werden Handgriffe und Kenntnisse erfordert, die man sich verschaffen muß, und wozu diese Schrift Anleitung giebt, so wie es nöthig ist, die Vortheile beym Miethen oder Bezahlen der Bäume, der Zimmer, der Stellagen und

der

der Leute zu wissen, die entweder gelernet oder durch eigene Erfahrung erworben werden.

Wer von einem Loth Graines die mehrste Seide macht, von dem darf man eben nicht glauben, daß ers am besten verstehe; dahingegen könnte man wohl bey demjenigen eine gründliche Kenntniß im Seidenbau voraussetzen, der von einer angegebenen Anzahl Bäume die größte Quantität Seide gewinnt. Der Seidenbau, der mit zwölf Loth Graines unternommen wird und wobey dreyßig Pfund Seide und bey sehr günstigen Umständen noch etwas mehr herauskommt, ist der beste und vortheilhafteste; man kann zwar aus wenigern Graines dieselbe Quantität Seide herausbringen, es kostet aber mehr, mithin hat man wenigere Vortheile dabey.

Es ist übrigens gar nicht zu läugnen, daß der allgemeine Seidenbau in den preussischen Staaten nicht sollte in einen so großen Flor kommen können, als sich nur denken läßt; allein in dieser Rücksicht ist es durchaus nothwendig, daß er aller Orten bloß im Kleinen getrieben werde, welches glücklicher Weise auch für den Landmann eine bequeme Sache ist, weil er nicht viel zu lernen hat und nur die drey Punkte in Acht nehmen darf, daß er für gute Maulbeerblätter sorge, die Würmer öfters reinige und ihnen beständig reine und frische Luft schaffe. Wenn ein jeder Seidenbauer dies beobachtet, so ist die ganze Seidenwurmzucht in der That nur ein Spielwerk;

nur im Großen Seide zu bauen muß niemand unternehmen, der nicht gründliche Kenntnisse darin durch vieljährige Erfahrungen erlangt hat. Aber noch ein Punkt ist beym allgemeinen Seidenbau zu merken, der um nichts weniger wichtig ist, als der vorige, daß es nemlich eben so nothwendig sey, den Seidenbau auf dem Lande nicht weiter zu treiben als bis zur Kokonerndte, das Backen der Kokons aber und die Zubereitung der Seide lediglich den dazu eingerichteten Tirageanstalten zu überlassen und zu dem Ende muß ein jeder Seidenbauer seine geerndteten Kokons in die Kokonmagazine bringen und daselbst verkaufen.

Daß der Seidenbau, wenn er im Kleinen und allgemein getrieben wird, in den preussischen Staaten zu einer Höhe gebracht werden könne, die kein anderer Zweig des Nahrungsstandes jemahls erreichen wird, ist sehr leicht zu beweisen. Man nehme an, der König habe 30000 Dörfer und in jedem Dorfe stünden hundert Maulbeerbäume, wovon zehn bis funfzehn Pfund Seide, das Pfund zu fünf Thalern gerechnet, gewonnen würden, so käme bey dieser geringen Angabe schon eine beträchtliche Summe heraus. Wenn nun, wie es doch allerdings möglich ist, in einem jeden Dorfe sechszig Pfund Seide gebauet würden, so steigt der Gewinn auf neun Millionen. Und dieses ist immer noch im Kleinen angegeben, und ein jeder wird es selbst einsehen, daß es noch ungleich höher darin gebracht

bracht werden könne. Jetzt schon würde der Seidenbau in diesem Flor stehen, wenn man die Landesväterlichen Verfügungen, die der Große Friedrich II. schon im Anfang seiner Regierung traf, so fort ins Werk zu setzen, nur geneigt gewesen wäre. Widerstreben der Unterthanen auch in den heilsamsten Unternehmungen ist das allgemeine Schicksal der Regenten.

Wir sehen in dem vorhin angeführten ehrenvollen Beyspiel Sr Exzellenz des Staatsministers von Wöllner, was ein einziger Mann thun kann, dem es um die gute Sache ein Ernst ist. Es wäre zu wünschen, daß ein jeder, und besonders der sich dazu verpflichtet hat, diesem Beyspiele folgte, und zur Ausbreitung des Seidenbaues das Seinige beyzutragen, sich entschließen möchte.

Anhang.

Obgleich oben bey den Vorrichtungen zum Seidenbau einige Anleitung zum Aufrichten der Gerüste und Stellagen gegeben worden, so wird es doch nicht undienlich seyn, hier noch eine genauere Beschreibung derselben zu liefern und alle Vortheile zu zeigen, die ein Seidenbauer sich dabey zu Nutzen machen kann, besonders wenn es ihm an Raum gebricht, welches bey Landküsterwohnungen vorzüglich oft der Fall ist.

Um ein Gerüste aufzurichten, verfertigt man sich zwey Leitern von beliebiger Höhe, wie Fig. II. a a und b b, die Sprossen die man zehn Zoll über einander einsetzt, müssen so lang seyn, daß die Bäume der Leitern drittehalb Fuß auseinander stehen, als wodurch die Tiefe des Gerüstes bestimmt wird. Diese Leitern werden nun durch auf die Sprossen gebundene oder genagelte Latten, deren Länge willkührlich ist, verbunden. Auf diese Latten legt man die Rähme mit den Würmern, welche nach der Tiefe des Gerüstes drittehalb Fuß lang und eben so breit, von anderthalb Zoll breiten und einem halben Zoll dicken Stäben verfertigt und etwa dreymal übers Kreuz auf einer

einer Seite mit Bindfaden bezogen, und zu mehrerer Festigkeit in allen vier Winkeln mit einem Keil, den man entweder anleimen oder annageln kann, versehen werden (man sehe Fig. VI); die mit Bindfaden gezogenen Rauten belegt man mit Papier, und klebt solches an den Rähmen umher fest, so daß dieser nunmehr einem Kasten ähnlich ist. Dergleichen Rähme sind äußerst bequem, weil man, wenn sie voll Würmer liegen, deren viele auf einmal füttern kann, und man thut sehr wohl, sich dieselben zu Dutzenden anzufertigen, weil sie im Fall der Noth immer brauchbar sind. Noch besser sind sie, wenn sie statt des Papiers mit Leinewand bezogen sind, weil man sie dann auch brauchen kann, um Hütten darauf zu bauen.

Das Gerüst selbst nun, welches überhaupt ganz leicht seyn darf, dient hauptsächlich zum Ausbrüten der Graines und zum Füttern der Würmer bis zur zweyten Häutung, und man hat den Vortheil davon, daß man es nahe am Ofen stellen kann, und diesen nur ganz gelinde heitzen darf, welchen Vortheil des gelinden Einheitzens man über vierzehn Tage genießen kann.

Nach der zweyten Häutung bringt man die Würmer auf das große Gerüst. Dieses besteht ebenfalls aus zwey Leitern, von derselben Breite wie bey dem vorigen, nur daß man hier die Sprossen zwanzig Zoll auseinander setzt und die Leitern unten und oben mit

Lat-

Latten verbindet, deren Länge nach dem im Zimmer vorhandenen Raum abzumessen ist; die Fächer dieses Gerüstes machte man vor diesem gewöhnlich von Brettern, die so lang seyn müssen, als das Gerüste breit ist, damit man sie auf den Sprossen der beiden Leitern in das Gerüste hinein schieben könne, wie solches Fig. III. zeiget. Wer aber nur bedenkt, daß der Wurm seiner Natur nach reinlich und in freyer Luft zu leben bestimmt sey und man daher, weil der jetzt in derselbe eingeschlossenen Luft eines Zimmers dieser Freiheit beraubt wird, den Ort seines Aufenthalts so viel möglich seiner Natur gemäß einrichten müsse; der wird leicht einsehen, daß ein bretternes Gerüste nichts weniger als schicklich für den Seidenwurm sey: denn die Bretter hemmen theils den Durchzug der Luft von unten her gänzlich, theils ziehen sie die Feuchtigkeiten von den Würmern in sich und das Lager wird so naß und brennend, daß die Würmer es schlechterdings nicht aushalten können, sondern krank werden, wodurch denn ein großer Theil verlohren geht. Weit besser ist es also, daß man die Bretter nicht nimmt, sondern an deren Stelle hinten und vorne an das Gerüste der Breite nach lange Latten befestiget; auf diese langen Latten bindet oder nagelt man in jedem Fache nach der Tiefe des Gerüstes einige kleine dünne Latten (Fig. IV. a. b.); die man, wenn man keine von Weiden geflochtene Horden, hat mit Leinewand belegt, wozu

Pack-

Packleinewand gut genug und wohlfeil ist, und solches, da es mit Bändern (Fig. V.) versehen ist, wozu man Bindfaden nehmen kann, an die Latten umher festbindet. Dieses Gerüste hat einen ungleich größern Nutzen als die bretternen, denn durch die Leinewand zieht die Luft von unten her durch gegen die Würmer, die sich sehr wohl dabey befinden, worauf man um so mehr Acht haben muß, da der ganze Seidenbau von der Erhaltung ihrer Gesundheit abhängt. Auch sieht ein jeder selbst ein, daß die Leinewand auf den Fächern des Gerüstes gleichfalls nützlicher ist als die vor einigen Jahren angepriesenen Binsenmatten, die wegen ihres schwammigen Marks von der eingesogenen Feuchtigkeit sehr anschwellen und schwer werden, und wieder getrocknet, so spröde sind, daß sie beym Anfassen allenthalben zerreissen; die Leinewand dagegen leicht abgenommen und bald getrocknet werden kann.

Bey diesem Gerüste kann man sich, wenn die Würmer bey zunehmendem Wachsthum nicht Platz genug hätten, dadurch mehr Raum schaffen, daß man zwischen den Fächern gerade in der Mitte, also zehn Zoll über jedem Fache, Latten auf beyden Seiten des Gerüstes an die Bäume befestiget (Fig. IV. c.c, d.d.) die man mit Rähmen voll Würmer belegen kann, wobey man um ein Drittheil mehr Platz gewinnt. Diese Zwischenfächer macht man übrigens in dem Gerüste nur so hoch, als man, ohne aufzusteigen, bequem reichen kann, um die Rähme herauszunehmen.

Wenn die Spinnzeit kommt, nimmt man die Latten nach und nach wieder weg, womit man von oben her anfängt, damit die Fächer Raum für die Spinnhütten bekommen. Diese werden nun folgendergestalt gebauet: Die Reiser beschneidet man so, daß sie etwas länger bleiben, als das Fach hoch ist und weil sie etwas gebogen hineingesetzt werden, fest sitzen (Fig IV. c.); unten setzt man sie einen Fuß und oben so weit auseinander, als es angeht, damit die Würmer, wenn die Reiser oben zusammenschlagen, nicht dahin kriechen und ihre Feuchtigkeit auf die unten in der Hütte liegenden fallen lassen, welches für diese sehr schädlich ist; die Lücken zwischen den Reisern kann man mit kleinem Strauchwerk oder auch mit Hobelspänen ausfüllen. Wenn nun ein Fach von Hütten voll ist, so klebt man oben an das Fach vor den Hütten ein drey bis vier Zoll breites Papier, wodurch das Einfallen des Lichtes in selbige gehindert wird und die Würmer hinter demselben desto eher ihre Kokons anlegen. Man kann auch, um den Schatten zu verstärken, das Papier bogenförmig ausschneiden, daß es auf beiden Seiten der Hütten herunter geht.

Wenn man von dem kleinen Gerüste ein Fach Latten um das andere abnimmt, so bekommt man auch hier Fächer von zwanzig Zoll hoch, wo man Hütten auf Rähme bauen kann.

Regi-

Register.

A.

B.

Bine

L.

M.

Grün-

N.

O.

Register.

P.

R.

S.

zweige

Register.

T.

U.

V.

W.

Register.

Z.

Berichtigungen.

Seite 121. Zeile 10. lies Füttern statt Futter.
S. 136. Z. 26. lies neu abgehäuteten statt unabgehäuteten.

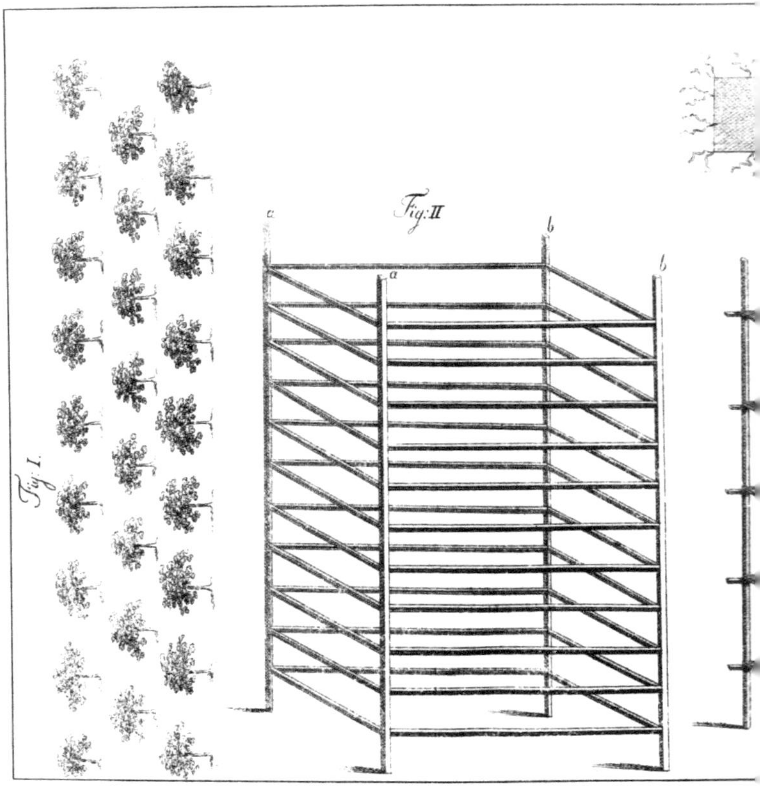
Fig: I.
Fig: II
a
b
a
b

Saoenbau.

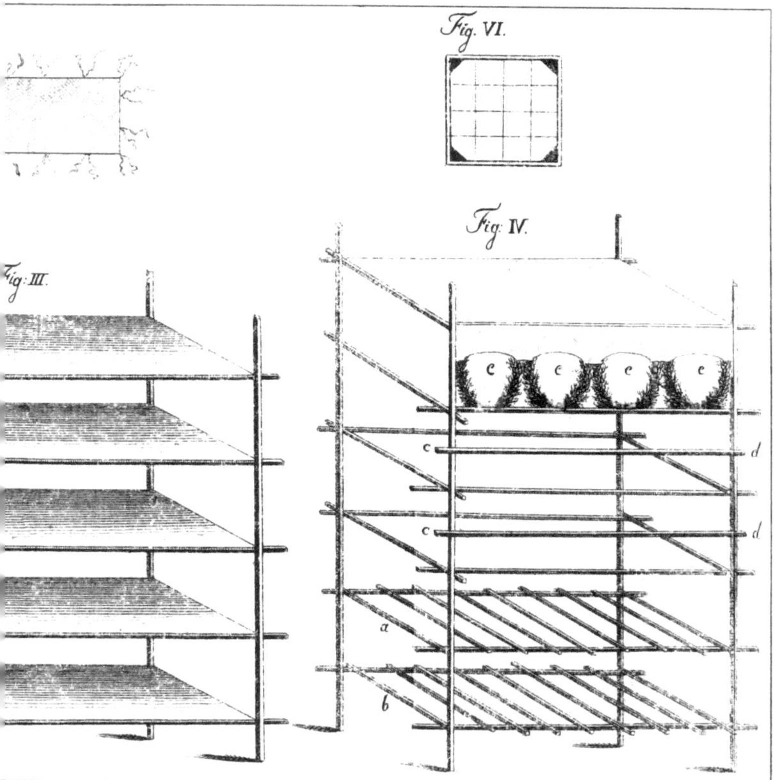